# LANDSCAPE RECORD
## 景观实录

| | |
|---|---|
| 社长/**PRESIDENT** | 宋纯智 scz@land-rec.com |
| 主编/**EDITOR IN CHIEF** | 吴 磊 stone.wu@archina.com |
| 编辑部主任/**EDITORIAL DIRECTOR** | 宋丹丹 sophia@land-rec.com<br>李 红 mandy@land-rec.com |
| 编辑/**EDITORS** | 殷文文 lola@land-rec.com<br>张 靖 jutta@land-rec.com<br>张昊雪 jessica@land-rec.com |
| 网络编辑/**WEB EDITOR** | 钟 澄 charley@land-rec.com |
| 美术编辑/**DESIGN AND PRODUCTION** | 何 萍 pauline@land-rec.com |
| 技术插图/**CONTRIBUTING ILLUSTRATOR** | 李 莹 laurence@land-rec.com |
| 特约编辑/**CONTRIBUTING EDITORS** | 邹 喆 高 巍 李 娟 |
| 编辑顾问团/**ADVISORY COMMITTEE** | Patrick Blanc, Thomas Balsley, Ive Haugeland<br>Nick Wilson, Lars Schwartz Hansen, Juli Capella,<br>Elger Blitz, Mário Fernandes<br>王向荣 庞 伟 孙 虎 何小强 黄剑锋 |
| 运营中心/**MARKETING DEPARTMENT** | 上海建盟文化传播有限公司<br>上海市飞虹路568弄17号 |
| 运营主管/**MARKETING DIRECTOR** | 刘梦丽 shirley.liu@ela.cn<br>(86 21) 5596-8582 fax: (86 21) 5596-7178 |
| 对外联络/**BUSINESS DEVELOPMENT** | 刘佳琪 crystal.liu@ela.cn<br>(86 21) 5596-7278 fax: (86 21) 5596-7178 |
| 运营编辑/**MARKETING EDITOR** | 李雪松 joanna.li@ela.cn |
| 发行/**DISTRIBUTION** | 袁洪章 yuanhongzhang@mail.lnpgc.com.cn<br>(86 24) 2328-0366 fax: (86 24) 2328-0366 |
| 读者服务/**READER SERVICE** | 蔡婷婷 tina@land-rec.com<br>(86 24) 2328-0272 fax: (86 24) 2328 0367 |

**图书在版编目（CIP）数据**

景观实录. 景观设计中的雨水管理 / （意）斯特拉帕佐编；李婵译.
-- 沈阳：辽宁科学技术出版社，2015.2
ISBN 978-7-5381-9003-8

I. ①景… II. ①斯… ②李… III. ①雨水资源-水资源管理
-景观设计-作品集-世界-现代
IV. ①TU986
中国版本图书馆CIP数据核字（2015）第021036号

景观实录Vol.1/2015.02

辽宁科学技术出版社出版/发行（沈阳市和平区十一纬路29号）
各地新华书店、建筑书店经销

开本：880×1230毫米 1/16 印张：8 字数：100千字
2015年2月第1版 2015年2月第1次印刷
定价：48.00元
ISBN 978-7-5381-9003-8
版权所有 翻印必究

辽宁科学技术出版社 www.lnkj.com.cn
《景观实录》 http://www.land-rec.com

## Please Follow Us

《景观实录》官方网站
p://www.land-rec.com

《景观实录》官方新浪微博
http://weibo.com/LnkjLandscapeRecord

《景观实录》官方腾讯微博
http://t.qq.com/landscape-record

《景观实录》官方微信公众平台 微信号：
landscape-record

媒体支持：

我得杂志网
www·myzazhi·cn
专业提供杂志订阅平台

# LANDSCAPE RECORD

# 景观实录

**47**

# Vol. 1/2015.02

**封面**: 爱丁堡公园雨水花园, GHD景观事务所, GHD景观事务所摄

**本页**: 萨希迪·库塔喜来登度假酒店, 印尼环达国际科技有限公司 (PT. Enviro Tec Indonesia), 新加坡"混凝土原料"建筑摄影公司 (Beton Brut) 古国桀摄

**对页左图**: 新加坡裕廊生态园, 德国戴水道设计公司, 德国戴水道设计公司摄

**对页右图**: 阿卡思雅购物中心中央公园, SdARCH设计事务所, SdARCH设计事务所摄

**82**

**21**

# 米兰"垂直森林"大厦荣获2014年国际高层建筑奖

2014年国际高层建筑奖（Internationaler Hochhaus Preis，简称IHP）评委会日前全体一致通过决议，将2014年世界最具创意高层建筑奖授予意大利米兰的"垂直森林"高层住宅楼（Bosco Verticale），奖金为5万欧元。"垂直森林"大厦由意大利博埃里工作室（Boeri Studio）操刀设计，首席建筑师有斯特

凡诺·博埃里（Stefano Boeri）、贾南德雷亚·巴雷卡（Gianandrea Barreca）和乔瓦尼·拉瓦拉（Giovanni La Varra），现已分为斯特凡诺·博埃里建筑事务所（Stefano Boeri Architetti）和巴雷卡&拉瓦拉建筑事务所（Barreca & La Varra），开发商是曼弗雷迪·卡泰拉（Manfredi Catella）领导的意大利海恩斯房地产公司（Hines Italia SGR S.p.A）。2014年的IHP奖为高层建筑的绿化设计树立了风向标，"垂直森林"大厦可以视为未来城市开发的原型。

"垂直森林"凭借多个方面的杰出设计赢得了评委会的青睐。首先，"垂直森林"包含两栋高层住宅楼，基地都是简单的矩形地块，高度不同（一栋19层，高80米；另一栋27层，高112米）。两栋楼共有113套公寓，每套公寓至少有一个阳台，呈现为"迷你花园"或者叫做"迷你森林"，共栽种树木数百棵。此外，楼体表面还有大量灌木。植物能给公寓的室内环境制造舒适的"微气候"，大大提升了公寓的人居体验。外立

面创新的绿化技术由博埃里工作室设计，并得到了农艺师劳拉·加蒂（Laura Gatti）和埃马努埃拉·保里奥（Emanuela Borio）的指导，可以在全欧洲的高层建筑上推广。

评委会表示："'垂直森林'是个非同寻常的项目，表现了人类对绿化的巨大需求。'森林公寓'完美地体现了建筑与自然的共生关系。"2014年的评委会主席是德国建筑师克里斯托夫·英根霍芬（Christoph Ingenhoven）——上一届国际高层建筑奖得主。

这两栋大楼的体量相对来说并不太大，是米兰北部地区综合开发规划的一部分。除了双子塔醒目的外观和创新的外立面绿化之外，舒适的室内环境也是一大亮点：对于公寓住户来说，大堂不单单是入口区的公共空间，更是垂直绿化的延续，是他们身边未来的公园。

# 第四届国际绿色屋顶大会即将拉开帷幕

4th International Green Roof Congress
20 - 21 April 2015
ISTANBUL

城市中还有自然的落脚之地吗？——这是全世界的建筑师在面临城市人居密度不断增加的情况下，问得越来越多的一个问题。第四届国际绿色屋顶大会（International Green Roof Congress），在国际绿色屋顶协会（IGRA）的大力支持下，将于2015年4月20日-21日在土耳其伊斯坦布尔举行，大会主题定为"探索屋顶自然"，会上将发布、讨论并推广各种成功的绿色屋顶设计

方案，包括可持续城市开发策略和实用的绿色屋顶技术。科学技术领域的最新成果也将一并展示。

本届大会采用创新的互动式议程，设置了一系列讲座和研讨会。资深的绿色屋顶专家、设计师、景观设计师、施工承包商、植物学专家和各个政府部门的代表将汇聚一堂，交流并分享经验，在以实践为导向的研讨会上回答各种问题和咨询。

2015年国际绿色屋顶大会面向各界人士敞开大门，只要你的职业与绿色屋顶相关，或者有意学习这个领域的最新技术。这是结交新客户、开拓新市场的一次绝佳机遇。

# "活的防波堤"设计方案荣获2014年巴克明斯特·富勒挑战奖

美国巴克明斯特·富勒协会(BFI)近日宣布,"活的防波堤"设计方案(Living Breakwaters)成为2014年巴克明斯特·富勒挑战奖(Buckminster Fuller Challenge)得主,荣获"最具社会责任感的最高设计荣誉"。这是一个社区开发项目,充分展现了人类面对气候变化的应对方式,设计方案由纽约斯盖普景观设计公司(Scape / Landscape Architecture PLLC)提交。

"活的防波堤"是针对美国东北部海岸弹性开发的一个全面的综合设计方案。针对气候变化和防洪目标,该方案采用的应对策略包括:创新的分层生态工程防波堤;通过设置"礁石街道"增进生物多样性和滨海生态栖息地;渔业等沿海生计的发展和复兴;通过多样化的合作活动和创新的教育活动,增进社区居民的参与感。这种新型的教育模式能够波及沿海各行各业从业者的下一代,同时也让斯盖普公司设计团队的专业技艺得以充分发挥,为州政府和联邦机构等权威部门树立了开创性的新标杆,为基础设施的多层次、系统性规划提供了成功先例。2014年巴克明斯特·富勒挑战奖评委会委员、高级顾问比尔·勃朗宁(Bill Browning)表示:"这个设计方案体现了人与自然力量的合作,而非对抗。一方面,它是城市基础设施的工程设计;另一方面,它又有着独特的生态学功能。设计团队非常清楚,在全球气候变化的形势下,我们无法逆转沿岸洪水泛滥的情况,但我们能做的是,缓和100年和500年风暴

潮的这种自然力及其影响,通过生态工程设计来减小损失,同时为沿海各行各业的未来从业者的发展打下基础。"

"活的防波堤"设计方案中,既有变"建筑"

(Architecture)为"蚵筑"(Oyster-tecture)的生态工程,又有针对沿岸弹性建设与发展的新型教育策略,为史坦顿岛托伦维尔社区(Tottenville)世代从事渔业等相关行业的居民带来事业的复苏,同时也促进了州政府对地区开发的系统性调控。

# 2015年可持续水资源管理大会即将召开

2015年可持续水资源管理大会(Sustainable Water Management Conference)将于3月15日—18日在美国俄勒冈州波特兰市召开。本届大会由美国用水工程协会(American Water Works Association,简称AWWA)主办,与水资源相关的各部门和组织将齐聚一堂,共同探讨水源专家关注的一系列问题。可持续水资源管理涉及多种相互交叉的课题,需要各方专家综合处理。

本届大会将结合"技术展示"和"深入探讨"两种形式,后者主要是就当今水资源领域面临的关键问题

做深入的分析和讨论。大会将涉及与可持续水资源管理有关的各类议题,如水资源管理、节水、可持续用水与基础设施建设、城市规划与设计、能源效率、雨水处理和再利用等。

美国用水工程协会成立于1881年,致力于水源——世界上最重要的资源——的管理与处理,是该领域内最大的非营利性科教组织。美国用水工程协会拥有大约5万名会员,共同为改善公共卫生条件、保护环境、促进经济增长并提升我们的生活品质寻求解决方案。

**American Water Works Association**

# SUSTAINABLE
## Water Management Conference
March 15–18, 2015 | Portland, Oregon

# 第二届"变化的城市"国际大会开始筹备

第二届"变化的城市"国际大会（Changing Cities II）将于2015年6月22日～26日在希腊伯罗奔尼撒半岛的波多河丽酒店（Porto Heli）举行。"变化的城市"国际大会由希腊色萨利大学（University of Thessaly）工程学院规划与区域开发系主办，并得到希腊环境部能源与气候变化办公室的大力支持。本届大会的主题是"变化的城市——空间、设计、景观与社会经济维度"。

在过去的几十年中，我们见证了全球范围内发生的一系列变化和发展如何影响了我们的城市，包括城市的脉络和结构、城市空间及其形态、城市环境、城市经济和城市社会等。新的形势不断带来前所未见的挑战，如经济全球化、欧盟一体化、后工业时代的新经济、对环境恶化的危机意识、对绿化设计和可持续发展的新要求、高科技和信息社会、人群的高流动性以及"时空压缩"、合法与非法的人口迁移、欧洲城市人口的多种族构成以及后现代社会的文化多样性与个性化。

在这样的环境背景下，城市在自然而然地发生着变化，设计与规划领域的学者和相关从业者分析、设计并规划着我们的城市，以便使其符合新时代的新形势。

本届大会将吸引各地建筑师、城市设计师、景观设计师、城市规划师、城市地理学家、城市经济学家、城市社会学家和城市人口统计学家等专业人士，共同应对新的挑战。同时，大会也是一个就城市发展问题交流思想和经验的论坛。

本届大会围绕"在经济与环境不确定性条件下规划并设计弹性城市"的议题展开，具体包含如下分题会议：

·规划中的城市设计
·建筑设计与新技术
·可持续城市规划与开发
·城市文化与开放式公共空间
·城市景观规划与设计
·历史与遗迹建筑管理
·城市交通规划与政策
·城市规划法规与房地产产权
·城市环境规划
·绿色建筑与城市设计
·城市经济发展
·地区营销与城市品牌建设
·智能城市
·收缩城市
·拆分城市
·迁移、跨国与跨文化社会及城市规划

# 格兰特景观事务所发布新加坡国会开发区设计方案

英国格兰特景观事务所（Grant Associates）日前发布了新加坡国会开发区（Capitol Singapore）景观和公共空间的最新设计方案。新加坡国会开发区是一个规模宏大的多功能开发项目，耗资11亿美元，位于新加坡市中心的一处重要历史保护区。

国会开发区内有三栋历史悠久的建筑物，分别是国会大厦（Capitol Building）、史丹福大厦（Stamford House）和国会大厦剧院（Capitol Theatre）。格兰特的设计方案规划了新加坡首个一体式高档开发区，将这三栋建筑物融为和谐的一体。这个高档开发区由四部分组成："伊甸园"（Eden Residences，超豪华住宅楼）、帕蒂娜酒店（The Patina，超奢华酒店）、国会广场（Capitol Piazza，高级零售商场，里面设置顶级品牌的旗舰店）和国会剧院（Capitol Theatre）。

设计方案中还包括对公共空间的修复重建，主要是开发区中央的新广场，再加上住宅楼的屋顶花园和露台，共同构成城市的公共空间和活动场所。格兰特景观事务所负责这一开发项目中所有公共空间和景观的设计，并与主要的建筑设计方理查德·迈尔建筑事务所（Richard Meir and Partners Architects）展开密切合作。

格兰特景观事务所经理基斯·弗伦奇（Keith French）表示："国会开发区的景观和公共空间设计策略的开发，充分尊重了周围的文化历史背景。我们考虑到了周围环境的视野，包括国会大厦剧院以及附近的圣安德烈教堂（St. Andrew's Cathedral）。开发区的中央规划了新广场，这也是整个开发项目的核心，旨在用原创的设计和考究的工艺为新加坡建设一座新地标。人们可以在这里看戏，参加各种大型活动，或者是铺着红毯的节日庆典。既是群体欢聚的公共空间，也是个人休闲的舒适环境。"

# "飞跃启德" 城市规划设计概念国际竞赛优胜作品公布

香港特别行政区政府发展局启动九龙东办事处（EKEO）近日公布，由米德·马苏德尔·伊斯兰（Md Masudul Islam）及其团队设计的创新作品"启德2.0：健康启航"在"飞跃启德"（KTF）城市规划设计概念国际竞赛中胜出。

"飞跃启德" 项目占地90公顷，包含香港启德发展区前机场跑道末端、观塘海滨休闲区及观塘海滨之间的水体，计划开发成一个旅游、娱乐及休闲功能兼备，能吸引本地市民和外地游客的好去处。获胜方案不但充分发挥了"飞跃启德"的发展潜力，而且展示出"启动九龙东"策略中"连系"、"品牌"、"多元化"和"设计"四个主题的独到构思。

设计中采用了针对水源储存与循环利用的多种方法，比如收集屋顶雨水，或者灰水再利用（用于用地自身的植被灌溉）。建筑周围还可以修建生物蓄水池，能够过滤雨水中的污染物和沉积物。岛屿和公园边的湿地和沼泽能够对雨水起到有机清洁的作用，同时也为公众带来宜人的亲水环境。观塘避风塘的水流速很慢，能对雨水中的污染物起到冲刷的作用，防止污染扩散。这里改善水质的手段包括：当地湿地、雨水花园以及专门处理雨水的一系列设备。

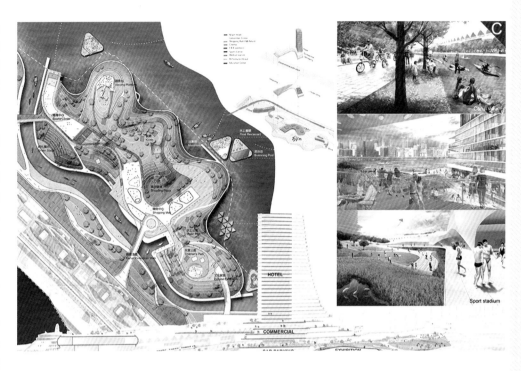

评审委员会表示，获胜方案创意十足，极具吸引力，实践了绿化及可持续发展概念。海滨与自然生态融合的设计尤其出色。通过建造新场地作休闲、文化、教育和商业的用途，这个作品全面地演绎出"健康城市"的理念。

# 2015年未来景观与公共空间大会将于阿布扎比召开

继未来景观与公共空间大会（Future Landscape & Public Realm）2014年在卡塔尔成功举办后，2015年大会将落户阿联酋首都阿布扎比，会议定于2月9日－10日召开。

本届大会除了个案研究之外，还将邀请政府部门以及相关各方的代表出席并发言，共同探索阿布扎比的公共空间和景观开发，包括正在进行中的项目和即将启动的项目，旨在通过公共空间的规划来改善城市宜居性，推动"阿布扎比2030年计划"目标的实现。

本届大会的议程将涵盖以下议题：
·水资源的高效利用与灌溉技术：减少用水量，迈向可持续发展的目标
·使用本地植物：打造美观耐用的户外空间，同时减少对环境的影响
·材料选择与采购：符合可持续发展原则
·总结经验：从前沿景观设计师、城市规划师和公共空间设计专家的实践中学习宝贵的经验

2015年未来景观与公共空间大会将为景观与设计专业人员、城市规划师、城市设计师以及高层决策者提供一个交流的平台，共同探讨阿布扎比公共空间与景观设计业的现状、挑战、机遇和未来趋势。

Take part in Abu Dhabi's specialized landscaping and public realm conference

Exploring the opportunities and challenges in developing Abu Dhabi's public realm to create an appealing, sustainable city

9-10 February, 2015
Abu Dhabi, UAE

# MK 泰式火锅店户外景观

**景观设计**：OPNBX 建筑事务所
**项目地点**：泰国，曼谷，班纳商业区
**竣工时间**：2014 年 8 月
**委托客户**：MK 餐饮集团（MK Restaurant Group Public Company Limited）
**面积**：16,000 平方米
**摄影**：威森·唐森亚（Wison Tungthunya）

　　MK 泰式火锅是泰国最受欢迎的餐厅之一，适合家庭聚餐，主营寿喜烧（日本的一种肉片火锅）。MK 不仅提供可口的美食，还注重食客的用餐体验，用色香味俱全的食物、精心准备的背景音乐和店员招牌式的微笑带给顾客宾至如归的温暖感受，已经形成了所谓的"MK Style"。2011 年，曼谷经历了特大洪灾。在那之后，MK 决定在班纳商业区（Bangna）新开一家店面，建筑设计由阿贾里戈工作室（Agaligo Studio）操刀，而 OPNBX 建筑事务所（Openbox Architects Co., Ltd.）则负责景观设计。

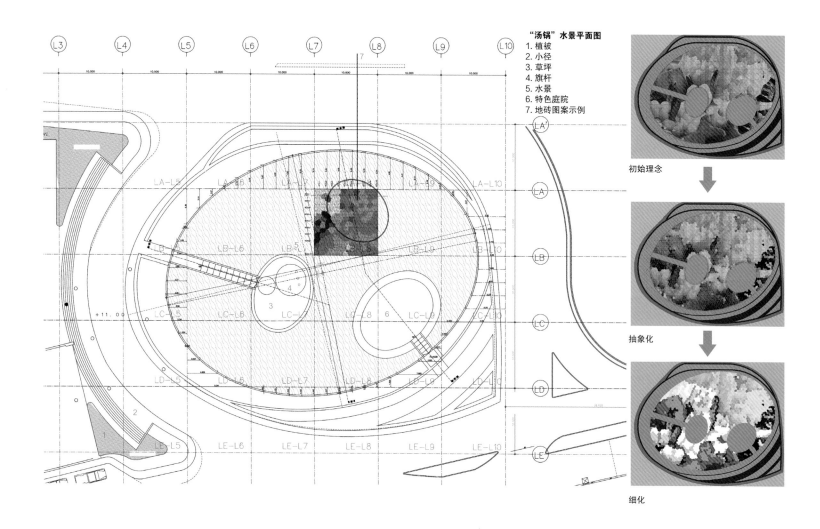

"汤锅"水景平面图
1. 植被
2. 小径
3. 草坪
4. 旗杆
5. 水景
6. 特色庭院
7. 地砖图案示例

初始理念

抽象化

细化

　　景观设计团队首先参观了 MK 的中央厨房并从中得到启发。食材的准备过程体现了 MK 的经营理念，给设计师留下深刻印象。跟 MK 之前的几家店一样，这家新店的中央厨房也根据食材的准备过程设置了展览路线。OPNBX 建筑事务所在这一理念的基础上进一步发挥，提出用户外景观元素来开启这段美食参观之旅，而在展览路线完结的位置，顾客能从另一个角度看到这一景观元素，首尾呼应。

　　本案的设计分为三个部分：工厂区、办公展览区以及景观区。每个部分功能不同，但彼此相关。办公楼是一栋红色建筑，采用堆叠式结构，使人想起 MK 每张餐桌上的一摞摞红色食材托盘——"MK Style"的标志性元素。这一大胆的设计激发了 OPNBX 建筑事务所的设计灵感，后者在办公楼前设置了构思巧妙而又直接的标志性景观——巨型寿喜烧汤锅——作为核心水景。汤锅摆在餐盘前，简单明了！"汤锅"内部的瓷砖五颜六色，形成像素化的效果，构成寿喜烧主要食材的形象，而且其颜色也代

1、2. 中央水景

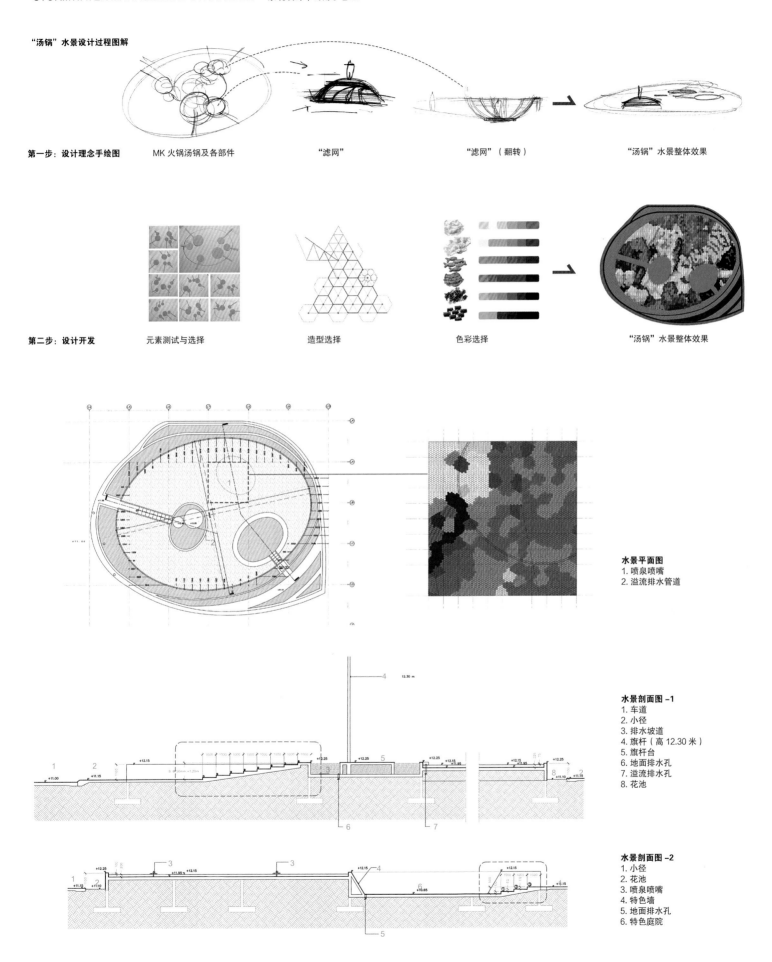

"汤锅"水景设计过程图解

**第一步：设计理念手绘图**    MK 火锅汤锅及各部件          "滤网"          "滤网"（翻转）          "汤锅"水景整体效果

**第二步：设计开发**    元素测试与选择          造型选择          色彩选择          "汤锅"水景整体效果

**水景平面图**
1. 喷泉喷嘴
2. 溢流排水管道

**水景剖面图 –1**
1. 车道
2. 小径
3. 排水坡道
4. 旗杆（高 12.30 米）
5. 旗杆台
6. 地面排水孔
7. 溢流排水孔
8. 花池

**水景剖面图 –2**
1. 小径
2. 花池
3. 喷泉喷嘴
4. 特色墙
5. 地面排水孔
6. 特色庭院

1. 中央水景
2、3. 中央水景夜景
4、5. 枯山水花园

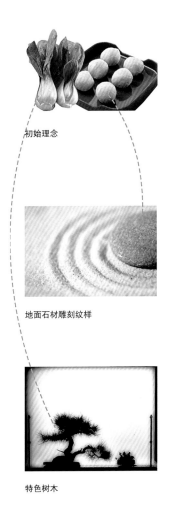

初始理念

地面石材雕刻纹样

特色树木

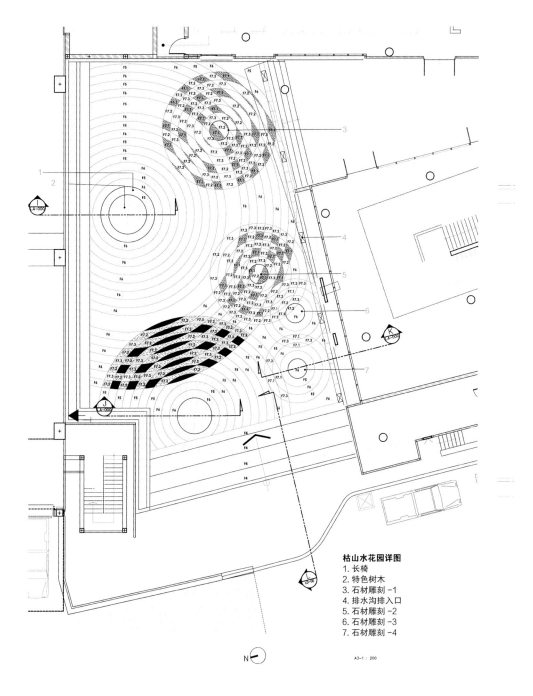

**枯山水花园详图**
1. 长椅
2. 特色树木
3. 石材雕刻 -1
4. 排水沟排入口
5. 石材雕刻 -2
6. 石材雕刻 -3
7. 石材雕刻 -4

A3-1：200

N

| 图标 | 解释 |
|------|------|
| F4 | 花岗岩 |
| F5 | 1 号灰 |
| F6 | 2 号灰 |
| | 3 号灰 |
| F7.3 | 4 号灰 |
| F7.3 | 5 号灰 |
| PA | 植被区 |

**剖面图 -L**
1. 踏步

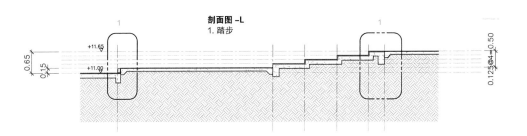

表了 MK 的标志性色调。中央的圆形景观象征了"汤锅"中的一把勺子，里面设置了座椅，一条小路通向其中。

由于本案是餐厅的类型，涉及食物的生产，所以环境卫生的标准非常严苛。因此，建筑物周围不能有太多树木。在这样的约束条件下，OPNBX 建筑事务所的设计团队利用"硬景观"

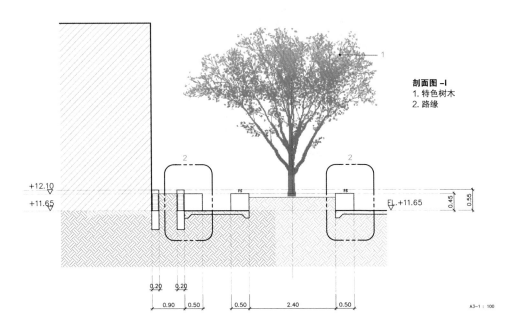

剖面图 –I
1. 特色树木
2. 路缘

+12.10
+11.65
F.L.+11.65

0.45
0.55

0.20    0.20
0.90    0.50    0.50    2.40    0.50

A3–1：100

剖面图 –J
1. 路缘

+12.10
+11.65

0.45
0.55

0.20    0.20
0.90    VARIES    2.20

A3–1：100

和平面元素，为 MK 的户外环境营造了生动、有趣的氛围。办公楼和工厂大楼之间有个充满禅意的小庭院，栽种了两棵观赏性树木。地面上有环形的图案，用切割成圆形的巨型大理石作装饰。这也延续了"MK Style"的风格，灵感来自火锅中的鱼丸。

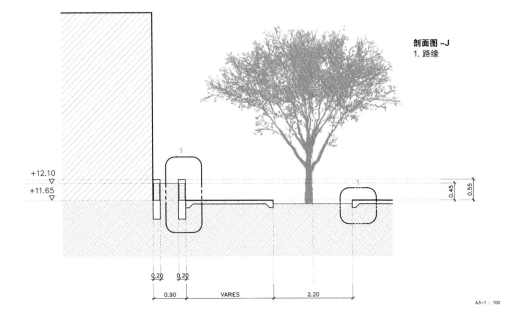

+11.65

0.125@4＝0.50

剖面图 –K
1. 石材雕刻
2. 排水沟

0.20
0.30

A3–1：100

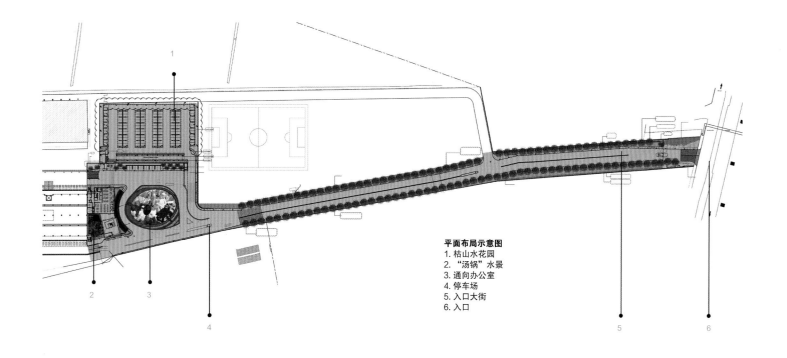

**平面布局示意图**
1. 枯山水花园
2. "汤锅"水景
3. 通向办公室
4. 停车场
5. 入口大街
6. 入口

**入口设计理念示意图**

原状　　　　　　　改良　　　　　　　入口特色墙

1. 枯山水花园里的特色树木
2. 枯山水花园地面铺装

阿卡思雅购物中心
中央公园

**景观设计：** SdARCH 设计事务所
**主持景观设计师：** 亚历山大·特里维力（Alessandro Trivelli）、西尔维娅·卡拉特洛尼（Silvia Calatroni）
**建筑设计：** SdARCH 设计事务所、阿尔哈代夫建筑事务所（Alhadeff Architects）
**主持建筑师：** 詹卡洛·阿尔哈代夫（Giancarlo Alhadeff）
**建筑设计团队：** 建筑师安东内拉·里纳尔迪（Antonella Rinaldi）、工程师埃托雷·瓦伦蒂尼（Ettore Valentini）
**项目地点：** 土耳其，伊斯坦布尔，阿吉巴登区
**竣工时间：** 2014 年
**造价：** 90 万欧元
**委托客户：** 阿吉巴登区阿卡思雅购物中心
**摄影：** SdARCH 设计事务所

1. 儿童在巨石上玩耍
2. 儿童攀爬用的橡胶抓手

阿卡思雅购物中心中央公园（Akasya Central Park）位于土耳其伊斯坦布尔阿吉巴登区（Acibadem），由意大利 SdARCH 设计事务所（SdARCH Trivelli&Associati）操刀设计，是这一新开发区的绿化中心。近年来，这一地区开发了便捷的道路交通网和新住宅楼，而中央公园的开发则是为整个城区建设了充满活力的"绿肺"。公园围绕阿卡思雅购物中心而建，后者由美国 DDG 建筑事务所（DDG Architects）设计而成。

SdARCH 设计事务所设计了购物中心正门前的公共空间。这一区域是周围新建楼宇的中心，四周有多条道路，因此，设计师希望人们在美妙的购物体验后可以选择在这里放松疲惫的双脚，也可与其他游客在公共空间共度自己的闲暇时间。公园的空间造型沿用了整个开发区内弧形的线条，将这样的线条演化成圆润的绿化带和绿色空间。小径的铺装采用天然材料，小径边有各种植

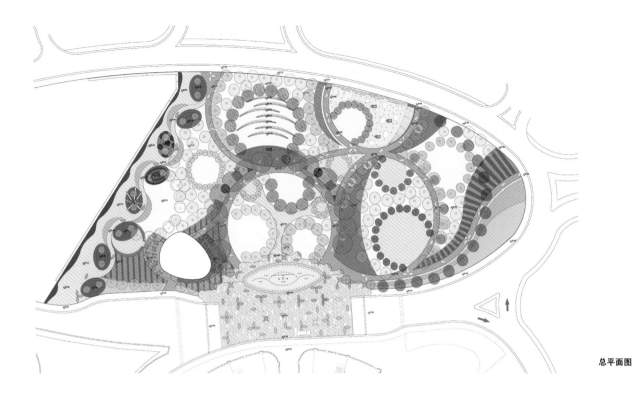

总平面图

物，包括禾本植物、草本植物和灌木等，与各种乔木搭配种植。公园内的空间可以依据开放性分为多个层次。有些比较私密，比如池塘边，地势较低；另外一些则比较开放，如购物中心正门前的阶梯广场和喷泉，以及孩子们做游戏的空间。

SdARCH 事务所的设计旨在为伊斯坦布尔的公共空间赋予一种新的感觉。

公园内共有 15 个品种的乔木，共计 293 棵；47 个品种的灌木和花卉，面积共计 13,300 平方米。植物是这座公园的核心特色，

为伊斯坦布尔带来一丝地中海植被风情。相同品种的树木成行种植，有橄榄树、松树、橡树、桦树和柳树等，将公园的空间划分成环形布局，各个空间呈现出不同的色彩，人行小径点缀其中。小山丘是孩子们的游乐场，上面有滑梯、巨石、迷宫和攀爬用的橡胶抓手。阶梯广场是

1~3. 小径的铺装采用天然材料，小径边有各种植物，包括禾本植物、草本植物和灌木等
4. 公园的空间造型沿用了整个开发区内弧形的线条，将这样的线条演化成圆润的绿化带和绿色空间

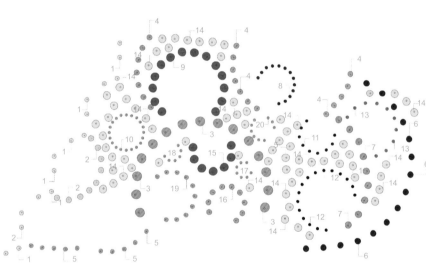

植被设计第一步：0 年

1. 第一行：红花多枝柽柳
2. 第二行：南欧紫荆
3. 第三行：意大利伞松
4. 第四行：冬青栎
5. 第五行：油橄榄
6. 第六行：南欧朴
7. 第七行：土耳其榛树
8. 第八行：垂枝桦
9. 第九行：银荆
10. 第十行：山楂树
11. 第十一行："红衣主教"海棠
12. 第十二行：日本樱桃树
13. 第十三行：北美枫香树
14. 第十四行：白柳
15. 第十五行：银荆
16. 第十六行：冬青栎
17. 第十七行：山楂树
18. 第十八行：山楂树
19. 第十九行：油橄榄
20. 第二十行：银河樱

植被设计第二步：3 年

植被设计第三步：10 年

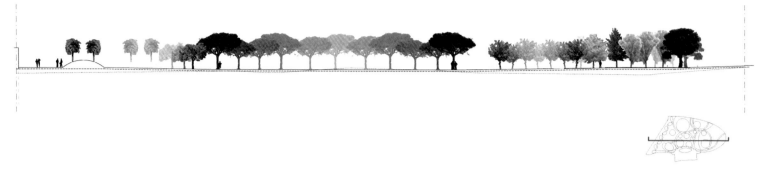

1. 相同品种的树木成行种植，将公园的空间划分成环形布局
2、3. 不同种类的植物
4、5. 公园入口处的小池塘和大喷泉

公园里的露天剧院，里面经常有秀场、音乐会或者其他文娱活动，不论白天黑夜，内容丰富多彩。最后，是公园入口处的小池塘和大喷泉，无数的喷嘴让水流随着音乐跳动，带给游客动感、欢乐的氛围。

如今，不采用可持续设计方法的现代景观设计是很难为人所接受的。可持续设计是满足人们当前需要和未来需要的桥梁。因此，SdARCH 设计事务所放眼未来，希望他们的设计能够满足未来长远的使用需求。本案中的能源效率主要通过采用雨水收集和灰水循环利用策略来实现，灰水用于植物灌溉和池塘水源供给。用于筑路的材料是集多种优势于一体的天然稳定剂，它能改善土壤的物理力学性能，减少肿胀，引起土壤含水量的变化，增进土壤的耐用性，其属性超越了以沥青和混凝土为基础的路面，成为解决路面可持续问题的最佳方案。

# 波兰科学基金会总部

**景观设计**：FAAB 建筑事务所
**项目地点**：波兰，华沙
**竣工时间**：2014 年
**绿墙面积**：260 平方米
**摄影**：FAAB 建筑事务所 / 巴罗梅·桑科夫斯基（Bartłomiej Senkowski）

屋顶和铺装地面上收集的雨水导入地下集水池中，然后用于绿墙植被的灌溉。这一设计让排入市政雨水排放管道的灰水量减至最低。

1. 克拉斯科寇大街（Krasickiego St.）视角（建筑西南角）
2. 建筑正面

波兰科学基金会（FNP）总部大楼堪称一座垂直花园，绿色植物覆盖了整栋大楼的正面和侧面，让建筑和周围的景观融为一体。在公众眼里，这栋大楼已然成为景观环境的一部分。绿色的外立面模糊了建筑与自然之间的界线。

在波兰 FAAB 建筑事务所（FAAB Architektura）的设计中，在这栋大楼的外立面上，混凝土邂逅了植被。茂盛的植物柔和了建筑的棱角，与光滑的浅灰色混凝土板材形成鲜明对照。立体效果的绿墙大大丰富了外立面的形象。而且，三维的效果随着时间流逝和植被生长而常换常新。年复一年，整栋大楼的面貌也会不断改变。

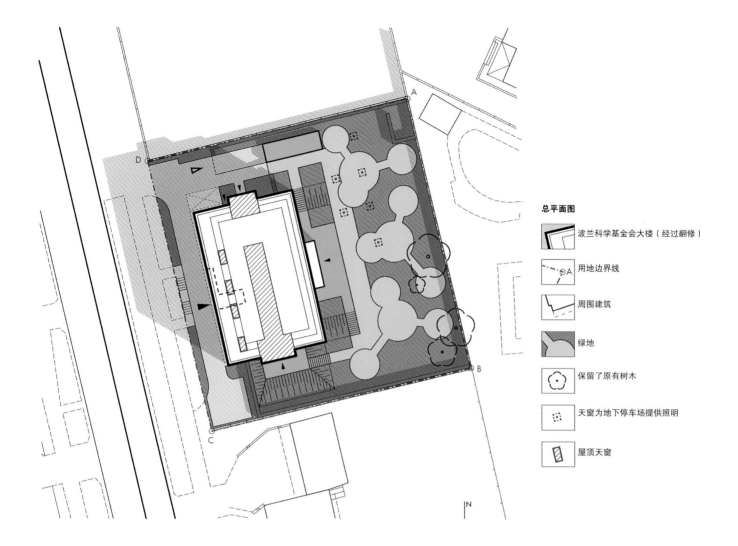

总平面图

波兰科学基金会大楼（经过翻修）

用地边界线

周围建筑

绿地

保留了原有树木

天窗为地下停车场提供照明

屋顶天窗

N

## 历史背景

　　这栋建筑位于莫克托夫区（Mokotów）的维日布诺（Wierzbno）。莫克托夫区是华沙的核心城区之一，20世纪30年代由农田逐渐开发而来。这栋建筑四周散布着很多别墅，掩映在周围的绿色景观环境中。1933年这里最初是开发成一片低矮的住房，但在二战中遭遇轰炸，损毁严重，建筑正面几乎完全毁坏了，内部各个楼层的天花也都受到破坏。没被炸毁的部分也在接下来的大火中付之一炬。战后，由于损毁情况实在严重，这栋建筑一度面临彻底拆毁的命运。然而，由于华沙遭到严重破坏（这座城市失去了72%的住宅楼），拆毁的决议又废除了，最终决定进行修复。由于当时缺乏质量好的材料，修复工程进行得马马虎虎，大楼的原貌并没有得到恢复。

## 遗迹保护

华沙遗迹保护办公室负责这栋大楼的保护，主要包括整体楼体以及开窗的布局。阁楼在正立面上所占的比例也是遗迹保护办公室所关注的重点。地方政府办公室下达的施工条文不允许建筑的占地面积有所扩大。这些条文还规定了新的设计方案必须与原建筑特点相符合，尤其是立面上的韵律和对称。

## 节能环保

这栋建筑安装了一系列低能耗的节能装置。电气系统采用了节能组件，能够控制实时电力使用情况。这些设计都有助于降低建筑的用电需求，减轻市政电力网的压力，确保未来的可持续发展。

## 生态特色

绿墙构成了这栋建筑的生态特色，不仅改善了建筑的能量平衡，而且在室内形成了良好的"微气候"。建筑正面和侧面的绿墙面积共有260平方米。这是波兰乃至欧洲这一地区的唯一一个户外垂直花园。

绿墙上共采用20种不同的植物，有些是一年四季常绿的植物，用作背景，有些在温暖的季节能开花。绿色植物以及观赏性的红色果实将在冬季为建筑增添一抹亮色。植被的布局咨询了建筑师，预计在植被的第三个生长周期结束时——也就是2016年9月——能呈现出几何图形的设计效果。

绿墙采用了特殊的灌溉系统，通过安装在混凝土板材上的一系列传感器为植物供给水源和必须的养分。根据收集到的信息，绿墙能够实现

自动灌溉和施肥。这是个实时自动控制的过程，也能在线操控。

绿墙由种植模块组成，模块安装在一层独特的垫子上，所用材料类似于矿物棉。对绿墙上的植物来说，这层垫子就相当于土壤，给植物适当的保护。同时，垫子也能保护植物根系，使其免于暴露在严酷多变的天气下——这一地区的气候条件基本上以严酷为主。轻型种植模块安装在不锈钢结构上，所以绿墙的维护工作相对来说比较容易。植物种植在专门设计的口袋中，需要的话可以相互调换。

1. 一层会议室旁边的花园和平台
2. 克拉斯科寇大街视角

**设计策略示意图**

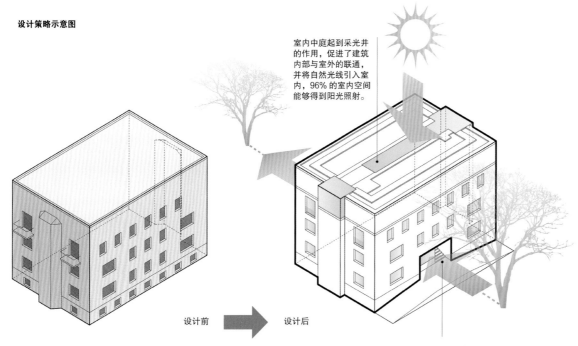

室内中庭起到采光井的作用，促进了建筑内部与室外的联通，并将自然光线引入室内，96%的室内空间能够得到阳光照射。

设计前 → 设计后

地面上的穿孔由主入口起始，至后花园结束，在街道与花园之间建立起自然的视觉衔接。

**绿墙植被布局示意图**

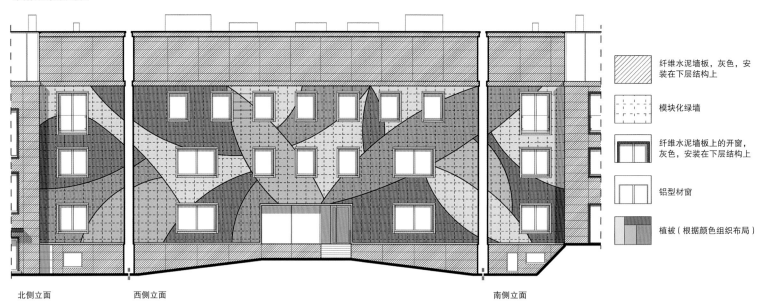

北侧立面　　　　　　　　　西侧立面　　　　　　　　　　　　南侧立面

纤维水泥墙板，灰色，安装在下层结构上

模块化绿墙

纤维水泥墙板上的开窗，灰色，安装在下层结构上

铝型材窗

植被（根据颜色组织布局）

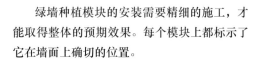

绿墙种植模块的安装需要精细的施工，才能取得整体的预期效果。每个模块上都标示了它在墙面上确切的位置。

不锈钢结构的安装也需要特别注意，主要是要确保绿墙呈现一定的坡度，让水能适当流动。如果偏差过大，就会导致有些植物根本得不到灌溉，而有些又灌溉过度。

考虑到当地的地理位置，这栋大楼的垂直绿化设计可以说是实验性的。也就是说，在今后自然生长变化的过程中，风或者是鸟类带来的种子都会改变绿墙的生物多样性。设计方案的预期最佳效果应该会在2016年呈现出来。

**西侧立面翻新前现状分析**
1. 无灰泥，砖材裸露
2. 窗户破败
3. 阳台门严重损坏；原来的阳台窗户保存完好
4. 缺少灰泥表层涂料
5. 墙壁裂缝
6. 空袭炸弹导致的一系列损坏
7. 缺少灰泥，砖材裸露
8. 阳台门严重损坏
9. 正立面上原来阳台的位置（现已不存在）
10. 大楼原来一楼主入口的约略位置

1. 夜幕时分的波兰科学基金会总部大楼

北侧立面图

剖面图
1. 檐口采用纤维混凝土板材，安装在下层结构上
2. 模块化绿墙
3. 护窗板采用纤维混凝土板材，安装在下层结构上
4. 勒脚采用纤维混凝土板材，安装在下层结构上

## 雨水管理

绿墙不仅有助于营造生物多样性，而且起到阻滞雨水的作用，几乎能够阻截项目用地上 67% 的雨量。加上绿墙，项目用地上的绿化面积占了总面积的 82%。屋顶和铺装地面上收集的雨水导入地下集水池中，然后用于绿墙植被的灌溉。这一设计让排入市政雨水排放管道的灰水量减至最低。

**细部详图**
1. 少灰混凝土
2. 钢筋混凝土地基板
3. 在原地基板上用钢筋混凝土衬砌
4. 保留了原有的建筑元素
5. 防水层
6. 膨润土密封
7. 水平防水层（利用喷注压力安装）
8. 灰泥与混凝土表面装饰涂层
9. 底漆与防水层
10. 防水聚苯乙烯泡沫塑料
11. 钢筋混凝土楼梯
12. 钢筋砂浆底层
13. 花岗石板的楼梯和楼板
14. 纤维混凝土墙板（灰色）
15. 纤维混凝土天花板（灰色）
16. 钢筋混凝土梁
17. 绿墙排水管道
18. 绿墙
19. 聚苯乙烯泡沫塑料
20. 风机盘管
21. 窗台（中密度纤维板 MDF）
22. 护窗板（纤维混凝土板材，黑色）
23. 铝型材窗户
24. 轻型混凝土砌块
25. 新钢筋混凝土板材
26. 新天花结构（由预制钢筋混凝土板材制成）
27. 纤维混凝土墙板（灰色）
28. 四边形薄钢片
29. 砾石骨料
30. 天窗

# 北七家镇科技商务区

**景观设计：** MSP 景观事务所 ｜ **项目地点：** 中国，北京

### 雨水管理设计

生态区景观位于项目用地最北端，是一条生态景观走廊，其生态功能主要是收集并吸收用地上的所有雨水径流，形成一个湿度适中的生物栖息地。

**项目名称:**
北七家镇科技商务区
**竣工时间:**
2014年
**建筑设计:**
RTKL国际有限公司
**委托客户:**
北京宁科置业有限责任公司
**面积:**
6公顷
**摄影:**
MSP景观事务所 / 特伦斯·张
（Terrence Zhang）

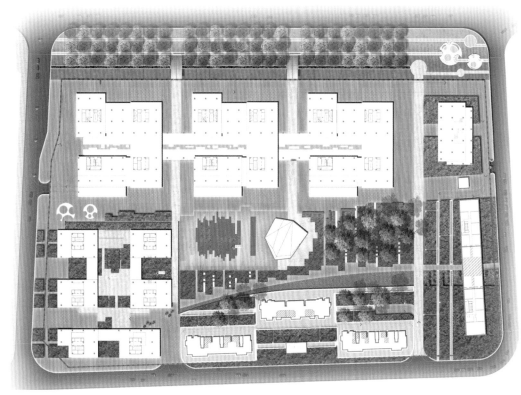

总规划图

北京市昌平区的北七家镇科技商务区，是北京科技商务区的一部分，也是这一商务区整体规划的一期开发工程。项目用地面积约为6公顷，是一个多功能开发区，包括住宅、办公与零售空间。

用地的整体规划以取得美国LEED绿色建筑金级认证为目标，设计手法包括：高效节能用水；缓和城市热岛效应，即减少铺装路面的面积并提高绿化率；营造开发区内每个区域的"微气候"，即：屏蔽冬季的西北风，促进夏季的东南风。东南风经过南侧的大型水景后会更加凉爽。

本案的景观设计由英国MSP景观事务所（Martha Schwartz Partners）操刀，可以分为三个区域，每个区域满足不同的使用需求，分别是：商业零售

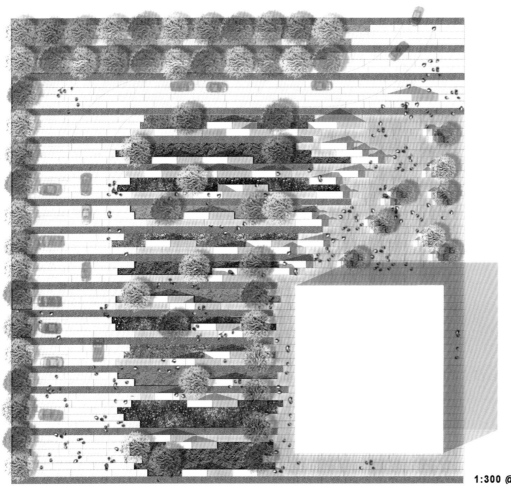

1. 建筑前方的灌木和观赏性植物
2、3. 下沉草坪区里有架高花池，里面种植了低矮树篱、观赏性植物和多年生植物

**1:300 @ A3**　　示范区平面图

1、2. 躺椅特别设置在园中阳光充足的地方
3~6. 植物特写
7、8. 花园夜景

区、中央公园和住宅区。商业零售区包括写字楼楼群周围的景观、写字楼之间的庭院景观、七北路林荫道和生态区景观,后者位于项目用地最北端,是一条生态景观走廊,其生态功能主要是收集并吸收用地上的所有雨水径流,形成一个湿度适中的生物栖息地。这里可以散步或闲坐。此外,开发区内极具现代艺术气息的两条标志性步道,其中之一也在这条生态走廊上,直通开发区的"绿色核心"——中央公园。中央公园是一片开放式空间,由"公共绿地"和"下沉花园"两部分构成。角落里的花园环绕着下沉草坪,花池里种植的是低矮的树篱、观赏性植物以及多年生植物。人们可以坐在花池的边缘,享受温暖的阳光,或者也可以躺卧在躺椅上,躺椅都设置在花园里阳光好的地方。从中央水景那边吹来清凉的微风,在城市的喧嚣环境中营造出海滩一般的氛围。

中央公园的另一大特色就是中央水景，使用的是经过处理的雨水，给附近居民以及广大市民带来戏水的欢乐，同时也将私密的住宅区与开放式公共空间分隔开来。

住宅区位于南侧，这里有小型花园，利用高高的树篱或者特色墙呈现出半封闭式布局，营造出比较私密的景观空间，适合静谧的沉思。这里也有为儿童准备的独特的游乐设施，适合各个年龄段的儿童。此外还有健身区、带水景的花园以及各式各样的座椅，有的设置在阳光下，有的设置在阴凉处。每个空间都有着独一无二的设计，都能让你度过一段快乐的休闲时光。一条健身小径环绕着项目用地，可以在上面慢跑或散步。

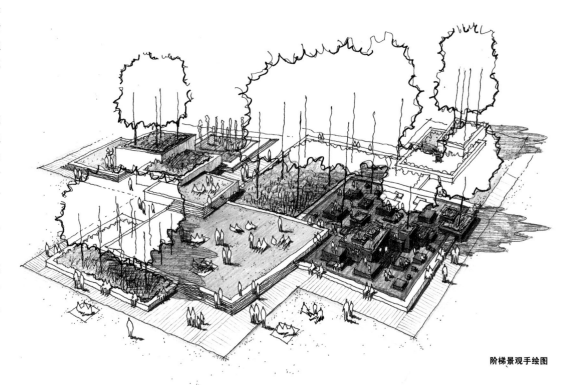

阶梯景观手绘图

# 爱丁堡公园
# 雨水花园

**景观设计**：GHD 景观事务所
**项目地点**：澳大利亚，墨尔本

澳大利亚墨尔本爱丁堡公园雨水花园（Edinburgh Gardens Rain Garden）的建设旨在解决两大长期存在的环境问题：一是受到污染的雨水通过下水管道汇入当地溪流中，二是使用并依赖饮用水来浇灌珍稀的树木。

这座雨水花园能够收集并清洁雨水，之后将干净的水源汇集、储存起来。储存的水源用来灌溉街边的珍稀树木以及爱丁堡公园中的椭圆形体育场边的树木。经过处理的雨水，如果超出灌溉用水需求之外仍有剩余，则排入下水管道。

## 雨水管理设计

有了雨水花园，经过过滤的雨水储藏在一个容积为 20 万升的地下储水池中，用来浇灌爱丁堡公园中的树木，正常年份中能够供应树木所需灌溉水量的约 60%。

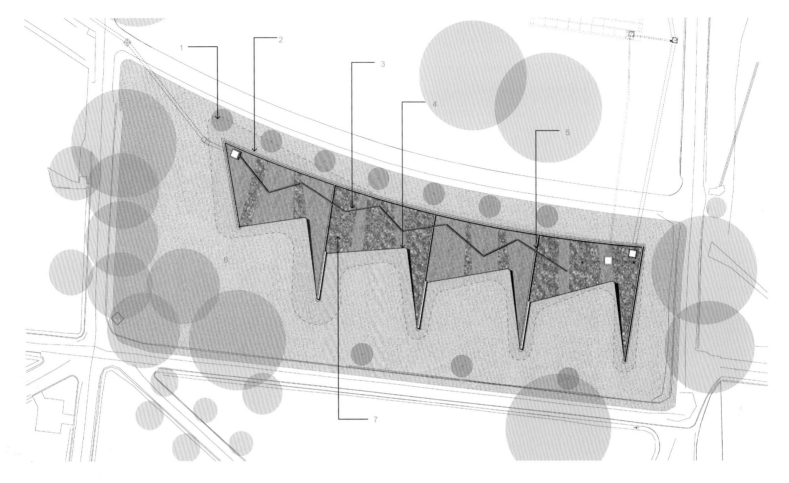

平面图
1. 沿街新增植被
2. 混凝土墙
3. 缓流渠
4. 钢边
5. 混凝土梯状挡土墙
6. 草坪
7. 绿化带

**项目名称：**
爱丁堡公园雨水花园
**竣工时间：**
2012年
**面积：**
700平方米
**摄影：**
GHD景观事务所

这座雨水花园的形态主要是由其功能决定的，同时，设计师希望将其打造成一座现代的花园，虽然爱丁堡公园历史悠久，但是尽量避免去迎合其传统特色。雨水花园的功能决定了其体量以及梯田式的台地布局（处理雨水的最佳地势）。台地彼此相接处正好可以种植草坪，形成一片五指状绿化带，让游客可以离雨水花园更近，更切实地去亲身体验这座花园。在爱丁堡公园中的大部分地方，你都几乎看不到这座雨水花园，因为这里是个下沉区，地势比周围草坪要低，设计上特别注意控制地面高差，不超过1米。整个雨水花园隐藏在公园的景观环境中，不会阻挡人们观赏宽阔草坪的视线——宽阔的草坪是爱丁堡公园的一大特色。

雨水花园中的公共设施可以供公众使用，使用的材料包括钢铁和混凝土，经久耐用，不会轻易损毁，也能够适应长时间泡在水里。虽然材料比较粗犷，但是仍然显出高档的品质和精致的细节处理。绵延的混凝土矮墙的所有裸露的混凝土表面全都经过精心的处理，有些表面还经过喷砂处理，现出花纹。曲折的

低流量水渠采用XLERPLATE ®钢材建造，表面有一层锈迹状的涂层。这条水渠能在雨水低流量期间将水流运送到花园中所有的四个台地。

这座雨水花园最重要的一点就是能带来良好的环境影响，同时尊重公园的文化传统和基本功能。当地居民非常喜爱这座雨水花园，因为它改善了爱丁堡公园内的景观环境，也有助于提高雨水的品质和生态系统的健康。

爱丁堡公园雨水花园的设计旨在每年为公园清理1.6万千克的悬浮固体总量。此外，通过植被的生长，每年还能消耗160千克的营养素、磷和氮。如果没有这座雨水花园的话，这些污染物和化学物质最终将流入墨尔本的下水道中。有了雨水花园，经过过滤的雨水储藏在一个容积为20万升的地下储水池中，用来浇灌爱丁堡公园中的树木，正常年份中能够供应树木所需灌溉水量的约60%。

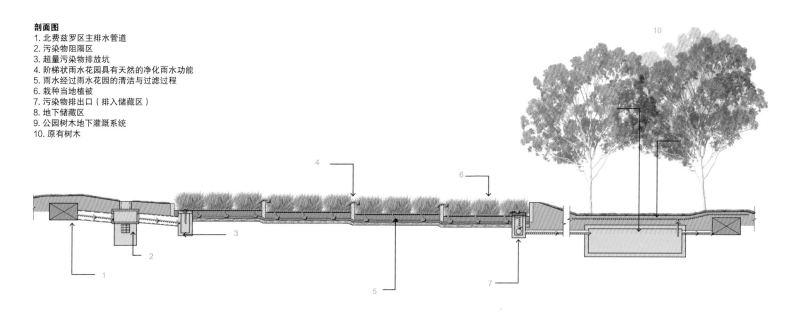

1~3. 雨水花园的缓流水渠将雨水缓缓排入所有的四个台地

**剖面图**
1. 北费兹罗区主排水管道
2. 污染物阻隔区
3. 超量污染物排放坑
4. 阶梯状雨水花园具有天然的净化雨水功能
5. 雨水经过雨水花园的清洁与过滤过程
6. 栽种当地植被
7. 污染物排出口（排入储藏区）
8. 地下储藏区
9. 公园树木地下灌溉系统
10. 原有树木

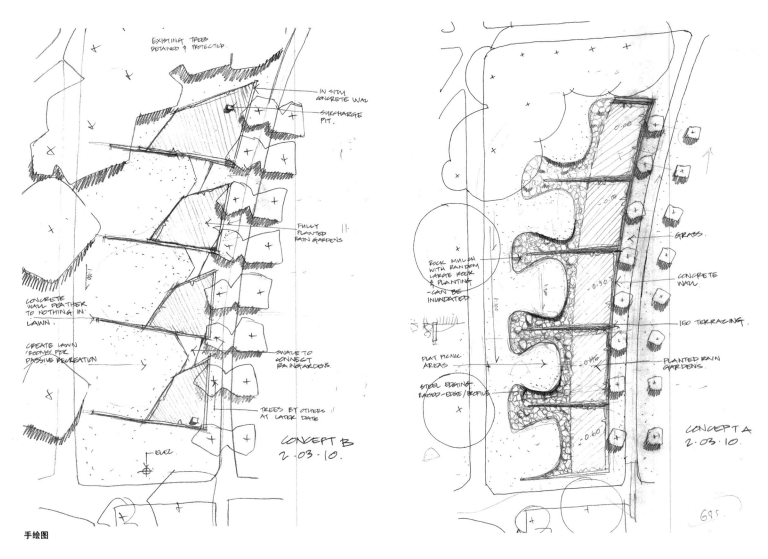

手绘图

一旦储水池注满，经过处理的雨水会排入北费兹罗区（North Fitzroy）的主排水管道，然后再汇入亚拉河（Yarra River）与菲利普湾（Port Phillip Bay）。这座雨水花园为亚拉市实现2020年雨水质量控制目标和2015年的水源保护目标做出了突出贡献。

在正常年份中，这座雨水花园每年预期能将用于灌溉的饮用水使用量减少400万升。

1. 西南视角
2. 雨水花园旁边有一条小路与之平行
3~5. 缓流水渠
6. 五指状草坪延伸入雨水花园内

## 雨水管理设计

针对雨水收集问题,设计团队采用了一个中央集水池,各个建筑毗邻街道铺装地面的一侧设置了鹅卵石铺设的水渠,这些水渠都是集水点,把收集的雨水注入中央集水池。

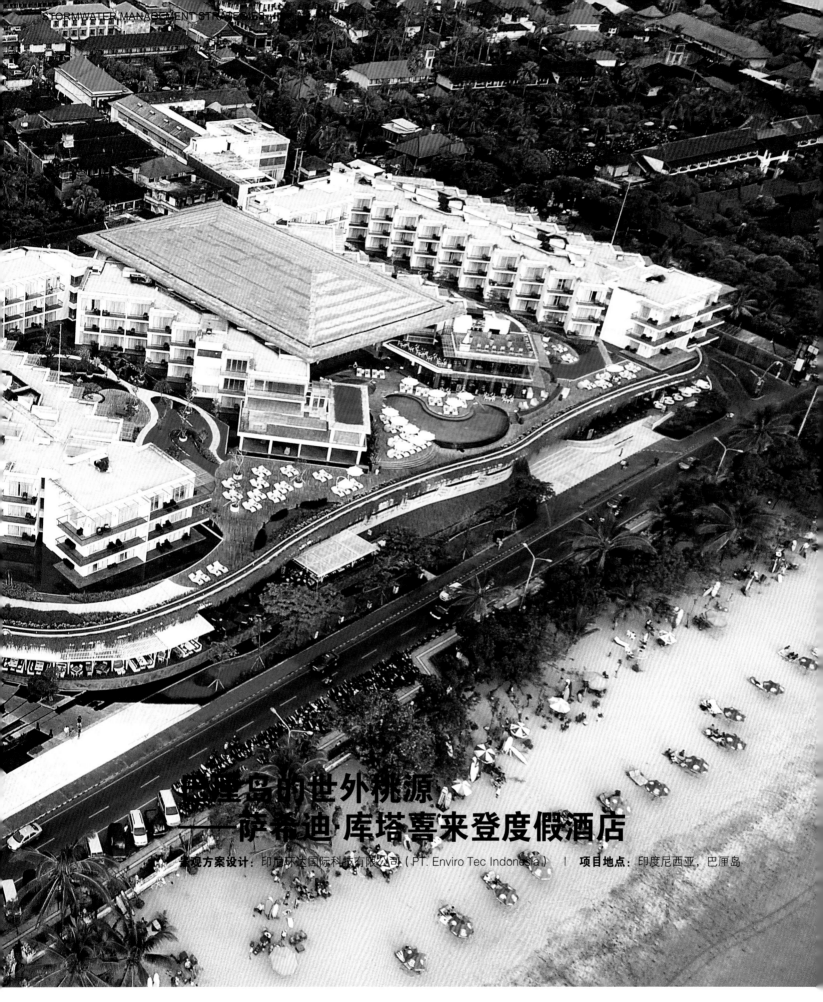

# 巴厘岛的世外桃源
## ——萨希迪·库塔喜来登度假酒店

景观方案设计：印尼环达国际科技有限公司（PT. Enviro Tec Indonesia） ｜ 项目地点：印度尼西亚，巴厘岛

1-3. 藤蔓植物形成柔软的绿色"幔帐"

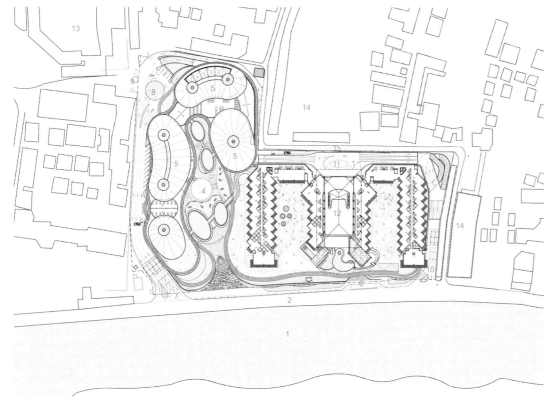

项目名称：
萨希迪·库塔喜来登度假酒店
竣工时间：
2012年12月
景观设计：
热带植被景观事务所
委托客户：
印尼天堂岛房地产公司（PT.
Indonesia Paradise Island）
占地面积：
52,460平方米
建筑面积：
93,000平方米
摄影：
新加坡"混凝土原料"建筑摄影公
司（Beton Brut）/ 古国燊
主要植物：
椭圆叶婆婆纳、各种马樱丹属植
物、鸡蛋花

区划图
1. 库塔海滩
2. 库塔海滩主要街道
3. 主行人入口通道
4. 绿洲
5. 零售亭
6. 精品零售区入口
7. 滨海大道商场机动车入口
8. 滨海大道主下车入口
9. 滨海大道与哈里斯酒店
（Harris Hotel）相连
10. 喜来登酒店入口
11. 喜来登酒店下车入口
12. 喜来登酒店大楼
13. 哈里斯酒店区
14. 罂粟花市场
15. 罂粟花巷

萨希迪·库塔喜来登度假酒店（Sahid Kuta Lifestyle Resort）的景观设计，由印度尼西亚热带植被景观事务所（PT. Tropica Greeneries）操刀，设计灵感就来自点缀在巴厘岛自然风景中的一片片稻田。这就是巴厘岛上的人们所熟悉的生活环境，他们每天就在这样的环境中自在地生活。项目用地原来是萨希迪酒店（Sahid Hotel），位于一条250米长的繁忙滨海街道上。现在，萨希迪·库塔喜来登度假酒店用焕然一新的景观环境让库塔冲浪胜地（Kuta）变得更加引人入胜。

柔软的藤蔓好像挂起一张绿色的幔帐；建筑四周清浅的水渠里倒映出美丽的风景。萨希迪·库塔喜来登度假酒店的景观环境极具层次感，诗意而浪漫。酒店位于一块台地上，地势高于街道标高，周围环境进行了全面的绿化。土色的基墙贴了一行深赤土色的瓷砖，瓷砖的尺寸采用满者伯夷

1、2. 滨海大道边种植了巴厘岛上的各种植物
3. 水景

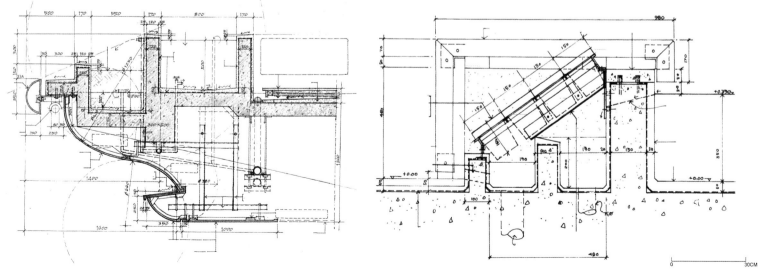

**周边花池边缘剖面详图**　　　　　　　　　　　　　　**绿洲池塘花池池缘剖面详图**

王朝（马来语"Majapahit"，是13世纪时东爪哇的一个印度教王国，位于今日泗水西南）常见的规格，重现了印度尼西亚诸岛——包括巴厘岛——的历史风貌。整栋建筑看上去似乎漂浮在狭长的水面上。水流从绿洲——滨海大道的中心——顺势流下，流至酒店入口，这里用石材修建了平台，两边都有基墙。

萨希迪·库塔喜来登度假酒店带给我们一种全新的酒店体验。环境设计上不仅采用半开放式的空间布局和大量的植被，而且空间氛围的营造也完全异于我们在巴厘岛上旅游、购物时感受到的那种氛围。"滨海大道"这个名字暗示了这是个感性的空间。确实，放眼望去，你会看到自己置身于库塔海滩、阳光和蓝天的怀抱中，

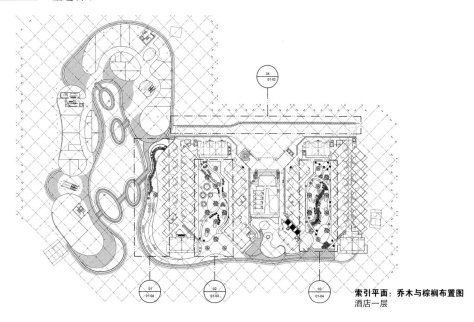

**索引平面：乔木与棕榈布置图**
酒店一层

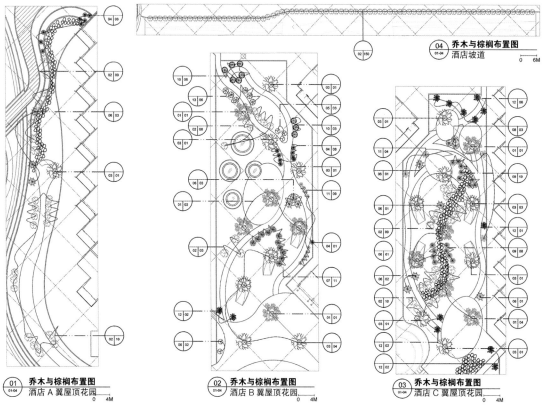

**04 乔木与棕榈布置图**
酒店坡道
0      6M

**01 乔木与棕榈布置图**
01-04 酒店 A 翼屋顶花园
0      4M

**02 乔木与棕榈布置图**
01-04 酒店 B 翼屋顶花园
0      4M

**03 乔木与棕榈布置图**
01-04 酒店 C 翼屋顶花园
0      4M

"软景观"详表

| 01 | 黄色鸡蛋花 | 乔木 |
|---|---|---|
| 02 | 散尾葵 | 棕榈 |
| 03 | 红色鸡蛋花 | 乔木 |
| 04 | 青棕 | 棕榈 |
| 05 | 黄斑叶桑氏露兜树 | 乔木 |
| 06 | 露兜树 | 乔木 |
| 07 | 红刺露兜树 | 乔木 |
| 08 | 重蚁木 | 乔木 |
| 09 | 剑叶龙血树 | 乔木 |
| 10 | 琴叶珊瑚 | 灌木 |
| 11 | 褐紫红木槿 | 乔木 |
| 12 | 三角梅 | 灌木 |
| 13 | 芦竹 | 灌木 |

听到流水的哗哗声，感受到温暖的微风，闻到当地花卉的芬芳，可以在绿洲边享受美味。这一切注定了这里是感性的环境。这种感性是萨希迪·库塔喜来登度假酒店的设计中非常简单而又极其重要的一部分。

另外一个值得一提的特色是一系列"空中花园"，位于绿洲小岛的上方。你可以尽情沉浸在花园的环境中，周围满是巴厘岛上的各色植物。这些景观小岛通过几条天桥彼此相连，这样的松散式连接有助于引导交通的流动，避免出现死胡同式的空间。

滨海大道完全融入了罂粟花巷（Poppies Lane）上繁忙的交通活动。设计上特别增加了行人坡道和小径，都进行了绿化，游客在周围的街道上散步的时候更有可能信步走进花园绿洲。设计目标是让这一空间更像是海滩的自然延伸。

酒店的机动车下车处和入口设置了给游客带来惊喜的元素，并融入了酒店的"开放式"设计理念中来。街道非常繁忙、拥挤，机动车从这里驶来，进入酒店大楼边的一条小巷。这条巷子旁边设置了垂直绿墙，此外还有一面特别的穿孔墙，墙上是变化多端的方格，由自然灰的混凝土砌块修建而成。穿孔砌块墙的设计借鉴了传统的黑白方格图案，创造出一种虚实相间的花式墙壁。这面墙壁巧妙地掩映着地下停车场，同时也有助于停车场的通风。

悬垂的植物种植在另一面花式砌块墙上面。这一次，墙面的花式纹样是巴厘岛建筑上最常见的，由嵌入和半嵌入的混凝土砌块构成。一进入这条宁静的小巷，你会立刻感觉自己远离了街道上的喧嚣。最后，沿着缓坡上去之后，游客就到达了酒店大堂，开始了他们的热带轻松之旅。

酒店的屋顶遮棚是巴厘岛最常见的茅草屋顶（当地称之为"alang alang"），其表面材料采用可生物降解的高分子聚合物。遮棚伸出主体建

筑之外，突出了下面双层举架高度的大堂入口空间。在这里，没有任何东西阻碍你望向大海的视线，甚至连柱子都没有，因为大堂的设计采用了一种特殊的结构系统，可以实现25米的无立柱跨度空间。日暮时分，整个大堂都镀上一层耀眼的橘色光芒。酒店休闲区采用自然通风，从这里能够俯瞰泳池，而且，从这个角度看去，泳池好像与无边的海洋融为一体。

设计师采用了雨水收集和回收利用设计，将采集的雨水用于酒店的水景和花园的灌溉，减轻了巴厘岛负担已经过重的供水压力。相对于本案的规格来说，项目预算很低。针对雨水收集问题，设计团队采用了一个中央集水池，各个建筑毗邻街道铺装地面的一侧设置了鹅卵石铺设的水渠，这些水渠都是集水点，把收集的雨水注入中央集水池。然后，集中收集的雨水再进行分配利用，包括用于酒店花园的植被灌溉以及供应抽水马桶所用的灰水。单独的建筑物自身并不能彰显出独特的设计，必须让所有的建筑形成一个系统的整体，不用什么顶级的高科技，用最简单最原始的方法，就能实现建筑的可持续发展。所以说，简单的雨水收集就是可持续设计的最好手段，不必牵涉复杂的系统设计。巴厘岛上降雨量很大，设计团队很好地利用了当地的天气条件，让雨水收集发挥了最大的功效。

1. 花园绿洲
2、3. 建筑周围的绿化景观

### 雨水管理设计

花园的设计有一个宏伟的目标——实现 100% 水平衡。这一点通过景观设计以及植被的选择而得以实现。这座自然花园中的 1000 多棵树木能够吸收项目用地上的所有降水。为实现 100% 水平衡的目标，设计师采取了多种手段，比如说，在所有的洼地处栽种赤杨木等耐涝品种。

# 诺和诺德制药公司自然花园

**景观设计：** SLA 景观事务所　|　**项目地点：** 丹麦，巴格斯瓦尔德镇

丹麦SLA景观事务所携手亨宁–拉森建筑事务所共同为丹麦著名的制药公司诺和诺德（Novo Nordisk）设计了新的办公环境。两栋办公大楼坐落在一座风景如画的大花园里，景观设计由SLA景观事务所操刀，这里将是诺和诺德公司的高层管理人员和1100名行政人员办公的地方。

诺和诺德制药公司的新花园不仅为两栋办公楼里的工作人员提供了绝佳的休闲空间，而且也有利于促进跨部门员工之间增加互动，分享经验，增进协同合作。为此，SLA景观事务所打造了美轮美奂的景观环境，花园中包罗万象，步移景异。这座花园的景观环境甚至成为诺和诺德公司新的品牌形象。

花园的景观设计以丹麦林地景观中最美丽的一种自然景观——所谓的"死冰川"景观（dead ice）——为蓝本，营造出绿意盎然、轻盈飘逸、起伏多变的景观环境。

花园中采用了多种多样的本地植物，树木有1000多棵，随着时间流逝，将长成一片森林，不仅为野生动物带来栖息地，也为诺和诺德公司员工的室内办公和户外生活营造了充满绿意的背景环境。对诺和诺德公司的员工而言，工作与休闲二者之间的界线已经消失。休息时在园中漫步，不时看到蹦跳的树蛙和同伴冻得红红的脸颊……这就是诺和诺德员工日常生活中的一部分。连绵不断的美丽风景让员工更愿意到户外活动，增进了彼此的联系和交往，同时也营造了更活跃的工作氛围，有助于分享经验和创新思路。

1. 公园全景
2. 白色沥青小路

1. 新公园为周围的建筑营造了优美的环境
2、3. 小路的蜿蜒曲线丰富了楼内员工穿行时的环境体验

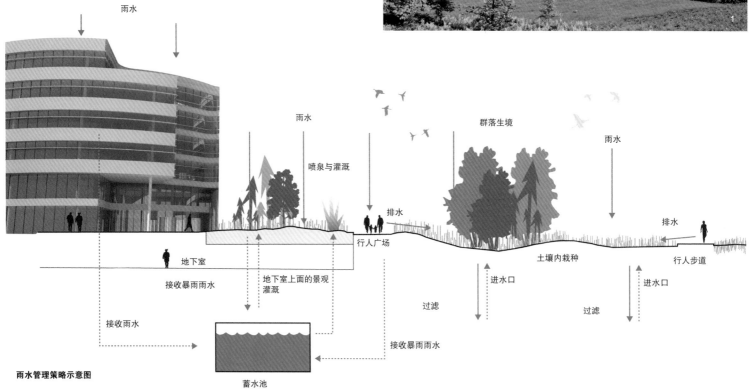

雨水

雨水

喷泉与灌溉

群落生境

雨水

排水

排水

行人广场

地下室

土壤内栽种

行人步道

接收暴雨雨水

地下室上面的景观灌溉

进水口

进水口

接收雨水

过滤

过滤

接收暴雨雨水

**雨水管理策略示意图**

蓄水池

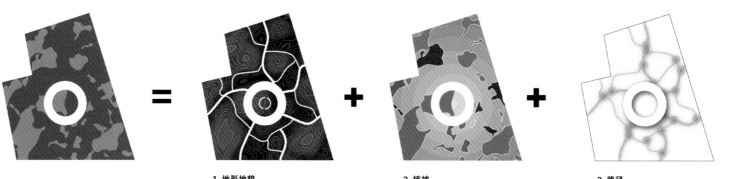

景观示意图

**1. 地形地貌**
地面上有各种各样的规划和设计

**2. 植被**
采用多种类型的植被

**3. 路径**
错综复杂的小径形成一张便捷的道路网

在诺和诺德工作的科学家们面临着严峻的竞争形势，需要他们不断的研发与创新。在设计师讨论如何给员工创造最大价值的时候，这是需要考虑的非常重要的一点。设计师采用了"启思小径"的设计理念，设置了几条小路，路上有像祁克果和尼采这样的大思想家的箴言，内容都是他们是如何在散步的时候萌生了伟大的想法。一般来说，人们在户外的时候会更放松，在大自然中尤其如此。这座花园中小径的设置（即白色沥青铺设的小路）能够让人最大限度地体验到地形地貌的原始之美和质感之美，突出了户外体验，动静皆宜。光与影、色彩与声音交融变幻，营造出变化多端的感官体验。员工每天从一栋办公楼走向另一栋的时候，在花园中穿过，蜿蜒的小径带来多变的、未知的体验。

园中的树木会开出各色花朵，让花园充满生机与色彩。松树和蓝叶云杉一年四季都为花园营造出蓝绿相间的色彩背景。冬季，除了松树和云杉之外，还有白桦树以及红色和橙色的樱桃树。樱桃树会在春季开出色彩缤纷的花朵，此时其他的树木正渐渐披上绿衣。多茎树木和野生树木基本上无需维护，所以这里的生物群落可以随着四季更替自然地逐渐演化。

设计师有意在花园中最大限度地呈现出生物多样性，因此，在新栽种的树木之间特别设置了一些枯木。枯木的树干对于自然生态系统来说有着重要的价值，是甲壳虫、毛毛虫和苔藓等生物的重要栖息地。

白天，浅色的混凝土表面折射出日光的变化。夜晚则有人工照明，营造出舞台背景一般的灯效。灯光设计旨在为空间营造出这样一种效果：当你在园中穿过时，或者从楼内遥望户外时，会有一种探险的感觉。有几个生物群落区采用了投射光和遮光黑布，效果略有不同，营造出月光的感觉。

项目名称：
诺和诺德制药公司自然花园
竣工时间：
2014年
建筑设计：
亨宁-拉森建筑事务所（Henning Larsen Architects）
工程设计：
阿莱克第亚工程咨询公司（Alectia）
面积：
31,000平方米
摄影：
SLA景观事务所

1、2. 在大自然的怀抱中休闲放松
3. 花木繁茂，营造出色彩缤纷、充满生机的环境
4. 蜿蜒小路

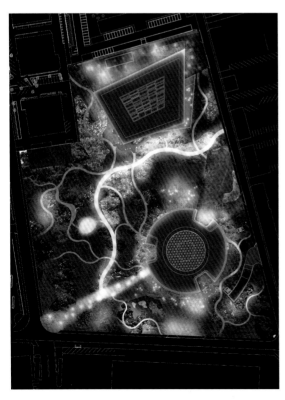

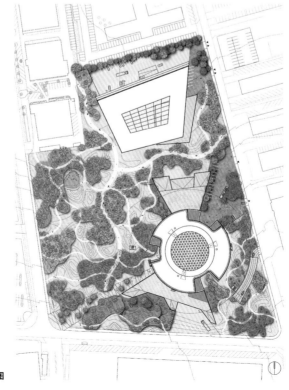

平面图

平面图

小径的照明是由感应器控制的，只在有人接近时才得到激活。这样，园中的人工照明也能像自然光照一样，永远不会出现完全相同的效果。所有照明都采用LED灯，并且夜晚会调暗50%，避免造成光污染，也将能源消耗控制在最低水平。

SLA景观事务所设计的这座花园为诺和诺德树立了鲜明的全新品牌形象。同时，公司员工、客户和宾客也都有了户外活动和休闲娱乐的场所，一个让你一年四季都感觉不到任何压力的环境。

花园的设计有一个宏伟的目标——实现100%水平衡。这一点通过景观设计以及植被的选择而得以实现。这座自然花园中的1000多棵树木能够吸收项目用地上的所有降水。为实现100%水平衡的目标，设计师采取了多种手段，比如说，在所有的洼地处栽种赤杨木等耐涝品种。这座花园甚至能够承受"百年雨涝"，而不会将一点雨水排入周围的下水道中。

3

**雨水管理设计**

收集的雨水经过过滤系统后,注入一个容积约为 2.8 万升的贮水池,位于庭院下方的停车场里,这些水经过不断的循环,再经过水景的处理,而水景里种植的水生植物则起到进一步过滤的作用。

# 林荫道开发区景观设计

**景观设计:** 佐佐木景观设计事务所
**项目地点:** 美国,华盛顿

华盛顿的林荫道开发区(The Avenue)从前是以54号广场的名字而为人所知,现在这里是一片生机勃勃的多功能开发区,周围有华盛顿环路(Washington Circle)、23号大街和宾夕法尼亚大道(Pennsylvania Avenue),东南方向上距离白宫不过六个街区。这里离乔治·华盛顿大学(George Washington University)也很近,附近还有一处重要的交通枢纽。林荫道开发区占据了一整个街区,里面有写字楼、公寓楼和零售空间,此外还有大片的公共绿地、丰富的街景、平台和庭院景观,全部采用创新的雨水管理设计。这些空间一年四季都为游客、写字楼内的员工以及当地居民带来愉悦的户外休闲体验。

**用地环境示意图**

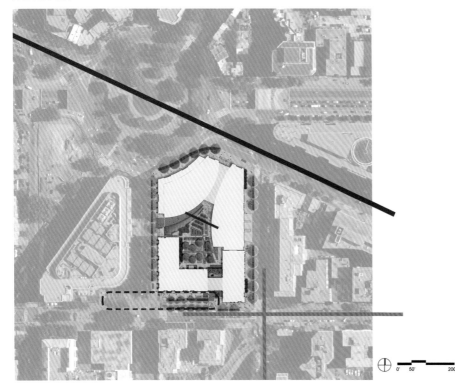

54号广场的四栋建筑周围的环境设计旨在鼓励公众更多地利用开发区内的户外空间。周围的街道景观包括宽阔的散步道（两边绿树成荫）、大型花池（里面种满各种多年生植物、低矮的灌木和开花的树木等）以及一系列盆栽植物（随着季节变换，为环境带来多变的色彩）。所有的停车场都设置在地下。开发区内有一座五层的地下停车场。

停车场的上方是中央庭院，以水景为特色。这里是华盛顿的古老城区与宾夕法尼亚大道中轴线交汇的十字路口。庭院水景也是雨水管理设计的一部分，能将降落在开发区内所有的雨水收集起来。收集的雨水经过过滤系统后，注入一个容积约为2.8万升的贮水池（位于庭院下方的停车场里）。这些水经过不断的循环，再经过水景的处理（水景里种植的水生植物相当于增加一层过滤）。贮存的雨水用于

效果图

**项目名称：**
林荫道开发区景观设计
**设计团队：**
阿兰·沃德（Alan Ward）、尼尔·迪恩（Neil Dean）、马克·德莱尼（Mark Delaney）、马特·兰根（Matt Langan）等
**委托客户：**
波士顿房地产公司（Boston Properties, Inc.）
**面积：**
16,000平方米
**摄影：**
克雷格·科耐建筑摄影公司 / 克雷格·科耐（Craig Kuhner）
**奖项：**
城市土地学会（ULI）全球奖入围

1、2. 庭院中的水景

在整个生长节里给庭院里的植被提供灌溉所需的全部用水。开发区内建筑的屋顶共有约700平方米的绿化面积，有助于形成开发区内的"微气候"，减轻当地的城市热岛效应，为鸟类提供栖息地，对建筑起到隔热作用，减少屋顶上的雨水径流。植被无法吸收利用的雨水经过绿色屋顶层的过滤之后，由水景和地下贮水池进行收集和储藏。这种因地制宜的雨水管理设计大大降低了开发区对城市综合下水管道的依赖。华盛顿的下水管道系统已经负担过重，经常造成国家广场（National Mall）等地势偏低的地方积水成患，加剧了区域性河流的水质污染。

1. 庭院花园夜景
2. 花池边可以闲坐
3. 水景特写
4. 花池里的植物给环境带来四季色彩的变化

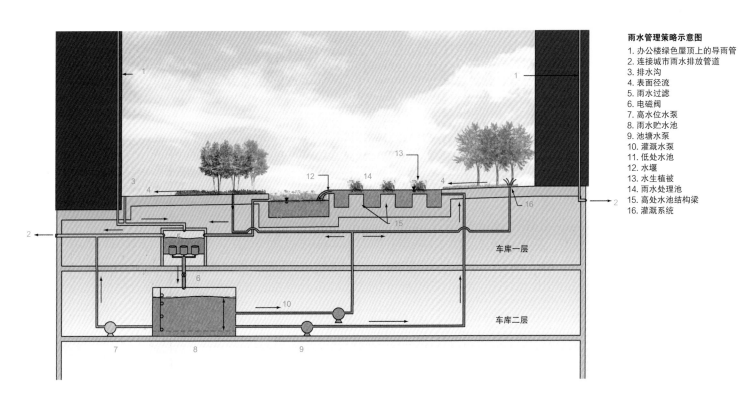

**雨水管理策略示意图**

1. 办公楼绿色屋顶上的导雨管
2. 连接城市雨水排放管道
3. 排水沟
4. 表面径流
5. 雨水过滤
6. 电磁阀
7. 高水位水泵
8. 雨水贮水池
9. 池塘水泵
10. 灌溉水泵
11. 低处水池
12. 水堰
13. 水生植被
14. 雨水处理池
15. 高处水池结构梁
16. 灌溉系统

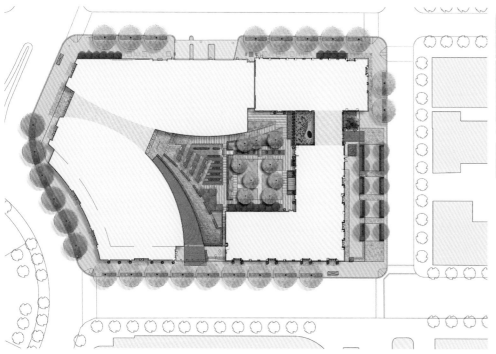

**总平面图**

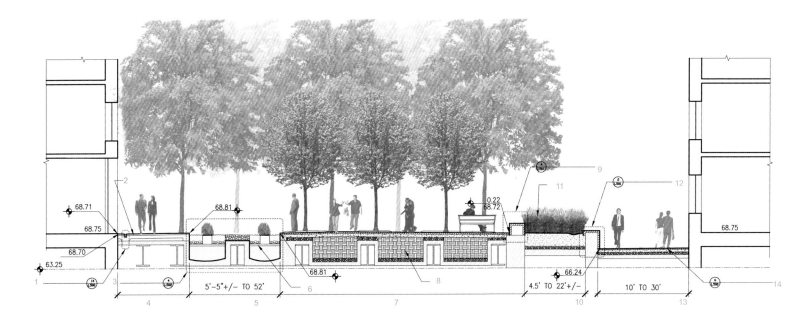

**剖面图**
1. 排水沟
2. 预制地砖混凝土地基
3. 普通水景用水
4. 步道与平台
5. 倒影池
6. 格栅
7. 座位区
8. 结构化土壤
9. 花岗岩矮墙（3型）
10. 路堤上栽种植被
11. 各种禾本植物
12. 花岗岩矮墙（1型）
13. 蜿蜒坡道
14. 接合处的线性花岗岩铺装

庭院所用材料
·花岗岩地砖
·混凝土地砖
·石屑铺装
·花岗岩墙面
·不锈钢缆线
·不锈钢连桥
·不锈钢种植槽

庭院所用植被
·乔木类
＊无刺皂角树
＊唐棣
＊日本紫茎
·禾本植物
＊麦冬
＊羽毛芦苇草（拂子茅）
＊羽绒狼尾草
＊黑盟草
·雨水处理种植槽内的植物
＊蓝旗鸢尾

1、2. 庭院花园全景
3. 人行道边树木成行

# 唐普勒弗火车站景观重建

**景观设计**：华盖景观事务所 | **项目地点**：法国，唐普勒弗市

1、2. 火车站正前方的公共空间设计成前庭，中央是个封闭式小花园
3. 42米长椅

### 雨水管理设计

利用项目用地上很小的地面高差可以收集雨水，其中一部分储存在一个地下贮水池里，用来浇灌植物。其余的雨水会吸收进入停车场下方的一系列贮水池中，经过过滤后，再缓缓进入自然环境中。

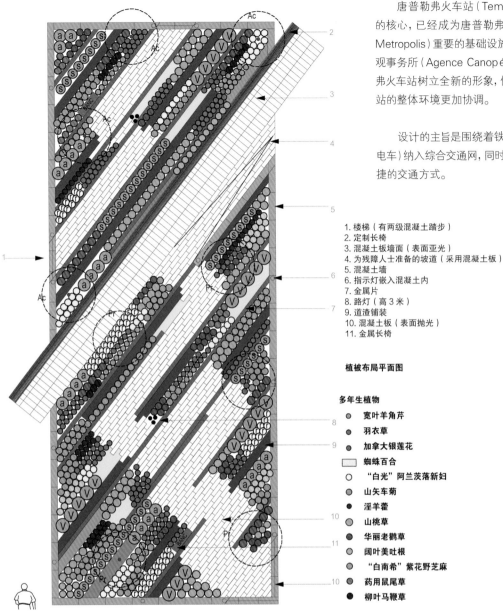

唐普勒弗火车站（Templeuve Railway Station）位于一个庞大交通网络的核心，已经成为唐普勒弗重要的交通枢纽，是法国北部里尔大都市区（Lille Metropolis）重要的基础设施。为满足火车站不断增长的活动需求，法国华盖景观事务所（Agence Canopée）首先明确了本案景观设计的主要目标：为唐普勒弗火车站树立全新的形象，使其重焕生机，让公共空间得到更好的利用，让火车站的整体环境更加协调。

设计的主旨是围绕着铁路来组织各种模式的交通方式，既将"软交通"（即电车）纳入综合交通网，同时也考虑到公共交通和个人交通，让每个人都能享受便捷的交通方式。

1. 楼梯（有两级混凝土踏步）
2. 定制长椅
3. 混凝土板墙面（表面亚光）
4. 为残障人士准备的坡道（采用混凝土板）
5. 混凝土墙
6. 指示灯嵌入混凝土内
7. 金属片
8. 路灯（高3米）
9. 道渣铺装
10. 混凝土板（表面抛光）
11. 金属长椅

**植被布局平面图**

**多年生植物**

- 宽叶羊角芹
- 羽衣草
- 加拿大银莲花
- 蜘蛛百合
- "白光"阿兰茨落新妇
- 山矢车菊
- 淫羊藿
- 山桃草
- 华丽老鹳草
- 阔叶美吐根
- "白南希"紫花野芝麻
- 药用鼠尾草
- 柳叶马鞭草

**乔木**

- Pr "重瓣"欧洲甜樱桃
- Ac 银白槭

**灌木**

- a "爱德华·古彻"大花六道木
- 匍枝亮叶忍冬
- 富贵草（顶花板凳果）
- "白钻石"柯德斯蔷薇
- s 尖绣线菊
- V 川西荚蒾

**禾本植物**

- 悬垂苔草
- "卡尔·福斯特"尖花拂子茅
- 丛生毛草
- 狼尾草

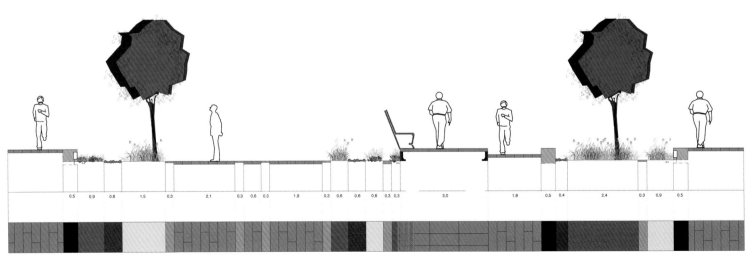

剖面图

**项目名称：**
唐普勒弗火车站景观重建
**竣工时间：**
2013年
**设计团队：**
热拉尔·米考拉扎克（Gérald
Mikolajczak）、皮埃尔-伊夫·达沃
鲁兹（Pierre-Yves Daveloose）、
于连·布莱宾（Julien Brebion）、
波林·达维耶（Pauline Daviet）
**面积：**
26,000平方米
**预算：**
500万欧元
**摄影：**
华盖景观事务所 / 热拉尔·米考拉
扎克

设计出发点和目标是赋予唐普勒弗火车站现代而独特的环境形象，以此来吸引新的创新企业入驻，也为铁路旅客营造出良好的出行环境。

项目用地根据铁路的基本特征，分为三个部分：前庭、交通枢纽区和停车场。前庭是火车站正前方的公共空间，是旅客首先来到的地方。这里有个封闭式小花园，利用一条长椅来划分空间。交通枢纽区四通八达，实现了多模式交通方式的有机结合。停车场有250个车位，是城市景观环境的延伸。停车场的地面采用草皮和铺装相结合，不仅常年绿意盎然，而且也能让雨水直接渗透进土壤。

这一雨水生态管理设计还有另一目的——减轻城市下水管道系统的负担。利用项目用地上很小的地面高差可以收集雨水，其中一部分储存在一个地下贮水池里，用来浇灌植物。其余的雨水会吸收进入停车场下方的一系列贮水池中，经过过滤后，再缓缓进入自然环境中。

本案有意或无意地影射了旅客对火车站的种种记忆。比如说，花园与周围环境的地面高差使其看起来像个站台；42米的长椅则使人想起过去那种长长的火车和座椅；人们对火车的印象是"速度"，这一点通过线性的铺装和植被的布局来表现。

1~3. 前庭景观

**楼梯详图**

**轴侧**
1. 混凝土踏步（1.4 米 x 0.4 米 x 0.14 米）
2. 自行车坡道（0.3 米 x 0.345 米 x 0.31 米）
3. 嵌灯
4. 挡土墙

**正立面**
1. 挡土墙
2. 混凝土踏步（1.4 米 x 0.4 米 x 0.14 米）
3. 自行车坡道（0.3 米 x 0.345 米 x 0.31 米）
4. 嵌灯
5. 植被坡地

**剖面**
1. 嵌灯
2. 挡土墙

**轴侧**
1. 混凝土板（1 米 x 0.4 米 x 0.1 米）
2. 混凝土墙（0.4 米 x 0.4 米 x 0.07 米）
3. 混凝土板（0.4 米 x 0.4 米 x 0.05 米）

**正立面**
1. 混凝土板（1 米 x 0.4 米 x 0.1 米）

**剖面**
1. 混凝土板（1 米 x 0.4 米 x 0.1 米）
2. 混凝土板（0.4 米 x 0.4 米 x 0.05 米）
3. 混凝土墙（0.4 米 x 0.4 米 x 0.07 米）
4. 沙
5. 路边

**小径详图**

**花园围墙详图**

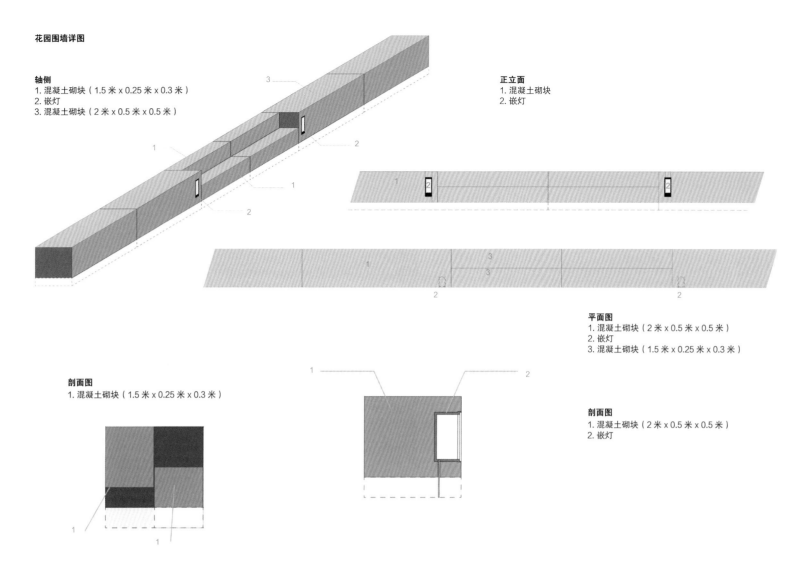

**轴侧**
1. 混凝土砌块（1.5 米 x 0.25 米 x 0.3 米）
2. 嵌灯
3. 混凝土砌块（2 米 x 0.5 米 x 0.5 米）

**正立面**
1. 混凝土砌块
2. 嵌灯

**平面图**
1. 混凝土砌块（2 米 x 0.5 米 x 0.5 米）
2. 嵌灯
3. 混凝土砌块（1.5 米 x 0.25 米 x 0.3 米）

**剖面图**
1. 混凝土砌块（1.5 米 x 0.25 米 x 0.3 米）

**剖面图**
1. 混凝土砌块（2 米 x 0.5 米 x 0.5 米）
2. 嵌灯

为了营造火车站鲜明的形象，整个设计围绕着一系列火车站的标志性元素展开，比如：嵌入地面的金属板象征着铁轨；路灯灯柱的设计使人想起铁路旁悬着电线的电线杆子。

华盖景观事务所的设计一贯注重文化面向，因为他们坚信，文化是与我们日常生活息息相关的。本案的设计也不例外。设计团队在铺装路面上引用了一些著名诗人与铁路相关的诗句，包括奥斯卡·王尔德（Oscar Wilde）、纪尧姆·阿波利奈尔（Guillaume Apollinaire）、雅克·普莱维尔（Jacques Prévert）、皮埃尔·达尼诺（Pierre Daninos）等。过往行人从此经过，就会发现地面上的这些诗意文字。

照明设计也是重点，用以突出设计中的某些表现手法。长椅下方的照明能够将旅客引导至火车站入口。照明设备的选择借鉴了悬线电线杆的形象。

本案是一项可持续发展规划的一部分，多方参与其中，规划中包括多样化的卫生防护技术、节能照明、先进的绿地规划方案和电池驱动的电动汽车等。

公共服务是这类项目中的关键。唐普勒弗火车站出现了首个市内免费班车，此外还有四通八达的自行车道和绿化道，还为自行车规划了一个安全的车库。

效果图

1. 绿地
2. 采用节能灯照明

# 埃斯特里拉山社区学院

**景观设计**：科威尔 – 谢洛景观事务所 ｜ **项目地点**：美国，亚利桑那州，埃文代尔市

### 雨水管理设计

低处或者是生物沼泽中的植被，即使偶尔面临积水，也能旺盛生长，而高处的植被则依靠比较干旱的"微气候"。
屋顶的雨水收集在几个不锈钢水池中，并通过一系列的溢水道输送到景观植被处，水池本身也是美观的水景。

1. 大草坪
2. 休闲空间
3. 鸟瞰图

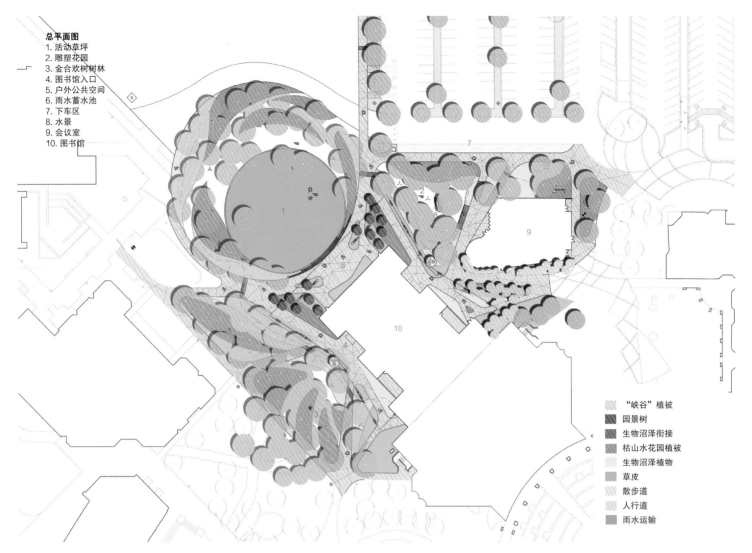

**总平面图**
1. 活动草坪
2. 雕塑花园
3. 金合欢树树林
4. 图书馆入口
5. 户外公共空间
6. 雨水蓄水池
7. 下车区
8. 水景
9. 会议室
10. 图书馆

"峡谷"植被
园景树
生物沼泽衔接
枯山水花园植被
生物沼泽植物
草皮
散步道
人行道
雨水运输

本案是亚利桑那州埃斯特里拉山社区学院（Estrella Mountain Community College）新图书馆与会议中心周围环境的景观设计，由美国科威尔–谢洛景观事务所（Colwell Shelor Landscape Architecture）操刀。设计旨在延续校园原有的空间结构，打造一系列紧密相连的花园景观。图书馆与会议中心的建筑设计理念是：建筑既是点缀在优美的校园环境中的亭阁，同时也是周围景观空间的背景环境。一楼采用通透的开放式空间设计，更加凸显了景观的重要性。这一系列花园景观已经成为校园环境的核心地带。

本案采用可持续设计。被动式雨水收集策略能够增加雨水的渗透作用，过滤雨水，并补充灌溉用水。根据用地地形设置了雨水的流动路线。高地与洼地并用，雨水从高处流到低处，轻松实现雨水收集与传输。此外，这样的地势还起到隔离和屏障的作用，界定出一些比较私密的空间。低处或者是生物沼泽中的植被，即使偶尔面临积水，也能旺盛生长，而高处的植被则依靠比较干旱的"微气候"。屋顶的雨水收集在几个不锈钢水池中，并通过一系列的溢水道输送到景观植被处，水池本身也是美观的水景。洼地之间安装了钢格栅。

**项目名称：**
埃斯特里拉山社区学院
**竣工时间：**
2013年4月
**建筑设计：**
理查德+鲍尔建筑事务所（Richard + Bauer）
**委托客户：**
马里科帕县社区学院
**面积：**
1.5公顷
**摄影：**
米歇尔·谢洛（Michele Shelor）
**奖项：**
2014年亚利桑那先锋协会（AFA）第34届年会杰出环境设计奖；
2014年美国景观设计师协会（ASLA）亚利桑那州分会荣誉设计奖

本案的景观环境看上去植被郁郁葱葱，很有大自然的原始风貌，但实际上却是标准的低维护性景观，所用的都是节水型植被，并且适合当地气候，灌溉方式采用滴灌。预算非常紧张。几乎所有植被种类都不需任何维护，只有早发扁轴木和牧豆树需要修剪成想要的造型。

建筑外立面的材质与绿意盎然的景观环境形成对照，而且，外立面还成了植物攀爬的藤架，黄色蝴蝶藤会慢慢爬满立面，对室内环境起到遮阳的作用。一小片浅色的刺槐林与深色的、充满质感的建筑表皮形成鲜明对比，使人在进入主入口之前有一种被自然环绕的感觉。

图书馆外的户外课间休息区设置了各种各样的座椅，既能独自闲坐，也适合多人围坐讨论，都能享受丰富的花园景观体验。会议中心入口外设置了休闲平台，周围种植了牧豆树，这里可以作为户外会议室，环境凉爽宜人，同时也是到停车场和下车区的过渡空间。大楼南侧是一片早发扁轴木，林中设置了小径和一丛丛色彩缤纷的植物。

大草坪设置在中央，不论对于整个校园环境还是对图书馆来说，都是核心景观。草坪上设置了舞台，是举行毕业典礼的场地。此外还有各种活动空间和日常休闲空间。草坪区适合户外游乐活动以及比较大型的活动，比如户外电影放映、节日庆典和小组练习活动等。草坪的大小是经过精心计算的，正好是所需要的面积，一点不多。景观区收集的雨水最终流到草坪，补充灌溉用水。草坪外围用花池界定出一系列狭窄的小径，上面铺设了风化花岗岩，小径通向景观区。

1. 生物沼泽之间的连桥
2. 芦荟园
3. 步道上方有遮棚

**植被布局平面图**

**图标 / 植物名称 / 数量**

乔木

| 图标 | 植物名称 | 数量 |
|---|---|---|
| | 原树木 | |
| | 金合欢树 | 40 |
| | 红花羊蹄甲 | 15 |
| | 蓝花假紫荆 | 42 |
| | 早发假紫荆 | 28 |
| | 杂种牧豆树 | 46 |

灌木 / 藤蔓

| 图标 | 植物名称 | 数量 |
|---|---|---|
| | 杨截菜 | 233 |
| | 加州爵床 | 330 |
| | 三齿拉瑞阿 | 75 |
| | 蝴蝶藤 | 18 |
| | 大丛鹿草 | 392 |

重点植被

| 图标 | 植物名称 | 数量 |
|---|---|---|
| | 原有沙漠勺叶花（保留并换位栽种） | 40 |
| | 巴巴多芦荟 | 440 |
| | 沙漠勺叶花 | 428 |
| | 木贼 | 177 |
| | 梨果仙人掌 | 9 |
| | 丝绒花 | 187 |
| | 纤丝兰 | 120 |

昆虫栖息地、混合种子及草皮

| 图标 | 说明 |
|---|---|
| | 风化花岗岩（直径最小为 1.27 厘米）；颜色：沙漠色 |
| | 花岗岩石子（直径为 0.64 ~ 15.2 厘米）；颜色：沙漠色 |
| | 所有步行区采用风化花岗岩（直径最小为 0.64 厘米）；颜色：沙漠色 |
| | 集水区盆地采用花岗岩石子；颜色：沙漠色 |
| | 铺设草皮（面积：1,400 平方米） |

这一系列独特的景观环境通过生物沼泽连成一体，体现了埃斯特里拉山社区学院的目标——树立鲜明的校园环境形象，体现出周围社区的历史和文化价值，同时为学生提供优美的学习环境。本案景观设计的成功证明，即使再有限的预算资金，只要对"微气候"、植物、材料和细节有精准的理解和把握，校园环境就能得到巨大的改善，营造出广受师生欢迎的优美环境。

1、2. 不锈钢水池收集雨水

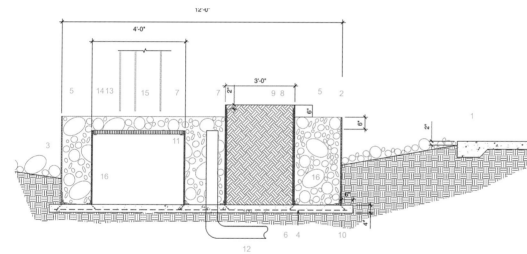

**雨水集水区示意图**
1. 混凝土平坦构造物（厚：10 厘米）
2. 钢管（厚：1.27 厘米）
3. 地面碎石铺装
4. 混凝土板（厚：10 厘米）
5. 花岗岩碎石（厚：10 ~ 15 厘米）
6. 夯实土壤
7. 预制钢材（厚：0.95 厘米）
8. 内侧过滤织物（厚：1.27 厘米）
9. 改良土壤
10. 钢架／锚点
11. 钢架（与蓄水池内壁及预制钢结构进行焊接）
12. 溢流管（带过滤网）
13. 防溅水格栅（规格：3.81 厘米 x 0.48 厘米 x 3.81 厘米）
14. 钢筋（与预制钢结构进行焊接；规格：4.45 厘米 x 4.45 厘米 x 0.64 厘米）
15. 雨链（中央的预制钢结构位于雨链下方）
16. 堵缝（集水区底部的钢结构全部采用防水沥青，高出混凝土垫层 15 厘米）

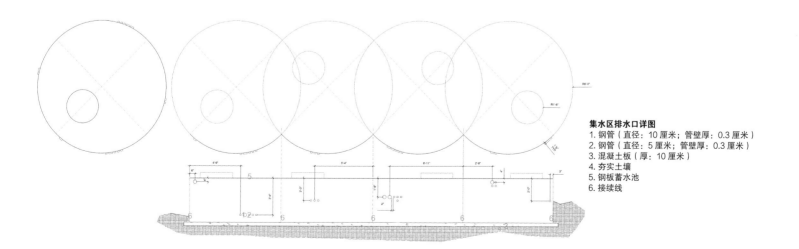

**集水区排水口详图**
1. 钢管（直径：10 厘米；管壁厚：0.3 厘米）
2. 钢管（直径：5 厘米；管壁厚：0.3 厘米）
3. 混凝土板（厚：10 厘米）
4. 夯实土壤
5. 钢板蓄水池
6. 接续线

# SWT景观设计公司总部

**景观设计：** SWT 景观设计公司
**项目地点：** 美国，密苏里州，圣路易斯市

美国SWT景观设计公司（SWT Design）总部的设计贯彻了可持续设计的理念，体现了该公司致力于环境保护与周围社区环境建设的一贯宗旨。总部大楼南侧扩建了一间小屋，风格现代，采用绿色建筑设计手法，保护并突出了原建筑的维多利亚风格特色。扩建中材料尽量回收利用，减少了废弃物的产生以及对环境的影响。

SWT景观设计公司一贯具有极强的环境意识，在这种意识的驱使下，SWT的设计师注重在所有设计实践中采用创新的可持续设计手法。本案的首要目标是扩充办公空间，满足公司不断发展的需求，同时减少对环境的影响，并展现创新的绿色设计方法。总部环境的设计为公司员工、客户乃至社区居民提供了观看雨水管理实地演示的地方，同时也是可持续建筑和景观设计实践的展示。

## "可持续景观设计动议"

（SITES）认证的一条关键原则就是：在高密度的城市环境中使用创新的设计手法处理雨水径流问题。通过一整套全方位的设计体系，包括屋顶花园、雨水花园、透水铺装、集水池和过滤池，项目用地上超过95%的雨水都能实现原地处理。总部园区内约75%的"硬景观"表面都是透水性地面。一条人行天桥与历史悠久的总部大楼相连，大楼前方的雨水能从桥下流过，流经植被繁茂的雨水花园，里面有一个用岩石铺设的"河床"。多余的雨水收集在后方停车场的路面下层和地基土中。停车场采用透水性铺装，雨水能渗入铺装表面，进入地下的分层过滤池中。

### 雨水管理设计

**本案特意避免使用雨水排放管道入水口、管道设施以及导水缓坡，因为雨水花园、透水性地面铺装以及项目用地整体的水文设计已经足以满足用地雨水排放的需求。**

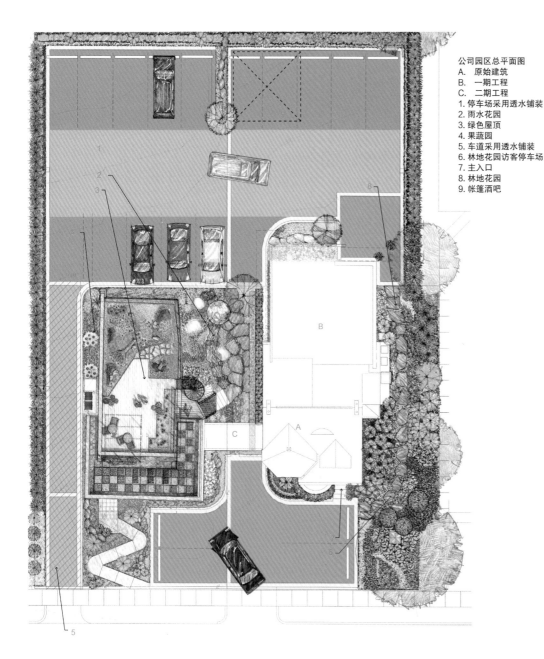

公司园区总平面图
A. 原始建筑
B. 一期工程
C. 二期工程
1. 停车场采用透水铺装
2. 雨水花园
3. 绿色屋顶
4. 果蔬园
5. 车道采用透水铺装
6. 林地花园访客停车场
7. 主入口
8. 林地花园
9. 帐篷酒吧

本案的设计尤其注意可持续雨水管理的展示效果，所有的雨水管理过程全都清晰可见，作为景观特色，旨在激发公司员工的设计灵感，同时也能在社区居民中起到推广普及的作用。本地植被、绿色屋顶、雨水花园、透水铺装等设计，不仅营造出美观的环境，而且满足了园区雨水管理的功能性需求。设计大大改善了SWT园区环境，社区居民也能享受更好的景观环境，为企业园区的开发开创了一种独特的模式。

绿色屋顶有助于节省建筑夏季的空调开支。另外，透水性铺装和雨水花园有助于解决"点源污染"以及雨水水质与水量的问题，同时也为周围社区带来环保普及学习的机会。此外，透水性地面铺装还大大有利于减少用地上的雨水径流。

设计团队制作了一本用地综合维护手册，用于指导园区内后续的维护工作。由于SWT景观设计公司的员工全程紧密参与了本案的设计和施工过程，所以他们对本案未来的长期发展有着更好的理解和更深的责任感。用地维护手册中明确了用地管理中必要的最佳维护措施、要求和建议。公司员工都希望亲眼看到园区得到妥善的维护，希望与SWT签署协议、负责维护园区各处环境的各方能够遵照这些最佳措施来实行。

园区中对灌溉用水的使用实施监测，以便检验本地植被和灌溉系统的效果。用地水池中收集的非饮用水用来补充池塘水源，此外也用于植物的灌溉。本地植物（包括绿色屋顶上的植物）的表现对本案起到关键作用，所以特别设置了监测设施，以此判断哪些植物是在这一区域内最高效的品种。最近，SWT公司又在园区内安装了20多个太阳能板，每年能产生约4,300千瓦能源，足够普通八小时工作日中约八台计算机的操作用电。

4,800 s.f.
permeable parking lot
透水铺装停车场面积约
合 447 平方米

2,500 s.f.
perimeter planted buffer
周围绿化带面积约
合 240 平方米

100%
percentage of stormwater treated
through a combination of BMPs
多种处理方式相结合，
100% 雨水得到处理

622 s.f.
green roof
绿色屋顶面积约
为 60 平方米

4,300 kw
annual energy produced
from 20 solar panels
从 20 块太阳能板每年能
产生 4,300 千瓦电能

620 s.f.
rain garden captures
point source pollutants
雨水花园面积约合
80 平方米，截留
"点源" 污染物

**项目名称：**
SWT景观设计公司总部
**竣工时间：**
2012年取得 "可持续景观设计动
议"（SITES）认证；后续改进和
检测工作持续进行中
**面积：**
1,300平方米
**摄影：**
SWT景观设计公司 / 吉姆·迪亚兹
（Jim Diaz）

1. 屋顶花园
2. 园区内安装了 20 多个太阳能板，产生的
电能足够普通 8 小时工作日中约八台计算机
的操作用电
3. 雨水花园面积约为 57 平方米，能够截留
雨水径流中的 "点源" 污染物，同时也是野
生动物的栖息地

　　作为一家不断发展壮大的设计公司，SWT预计未来还需要更多的空间，并希望他们的扩建工程能够尽量减少对环境的影响。SWT希望将他们当前在每个设计作品中使用的创新的可持续设计在公司园区中展现出来。因此，本案的设计目标在于打造一间 "活的实验室"，生动地展示SWT的最佳可持续设计手法。屋顶、雨水花园和林地都会随着植被的生长而不断演变，对于公司客户和社区居民来说，这里就成了常换常新的可持续生态展示馆。屋顶花园能够减少太阳光的辐射热能，缓和雨水径流，过滤雨水和空气中的污染物，对建筑起到隔热作用，延长屋顶层的使用寿命，并促进屋顶益虫生态栖息地的建立。此外，屋顶花园还为公司员工和社区居民提供了休闲活动的空间，对员工的身心健康也能起到积极的作用。

→ 地表排水水流方向
↦ 落水管位置与排水方向
▨ 周围绿化带（240 平方米）
▨ 绿色屋顶（60 平方米）
▨ 雨水花园（80 平方米）
▨ 透水铺装停车场（447 平方米）
▨ 附加绿化带（60 平方米）
□ 454 平方米的"硬景观"表面和屋顶区域通过雨水花园实现排水，雨水经过土壤和植物的过滤，并经过一个巨大的砾石水坑和穿孔排水管道系统渗入地下。穿孔排水管道位于雨水花园下方，管道内注满水时，溢流水会排入透水铺装下方的泄水井。未与雨水花园相连的落水管和铺装区域则将雨水排向停车场，停车场采用透水铺装，雨水能够渗入地下，再进入停车场下的泄水井。停车场的地面铺装，上层是透水地砖，下面是夯实的土壤层，雨水层层渗透，慢慢渗进下面未受干扰的底土。

项目用地上 100% 的开发区域都采用了综合雨水处理设计，包括：雨水花园、绿色屋顶、透水铺装停车场和周边起到缓冲作用的绿化带等。

由于雨水花园和透水铺装具有巨大的储水、渗水能力，项目用地上的年雨水径流量大大减少了。

1. 绿色屋顶
2. 泄水井
3. 雨水花园暗渠将雨水引入泄水井
4. 雨水花园
5. 林地花园
6. 透水铺装停车场

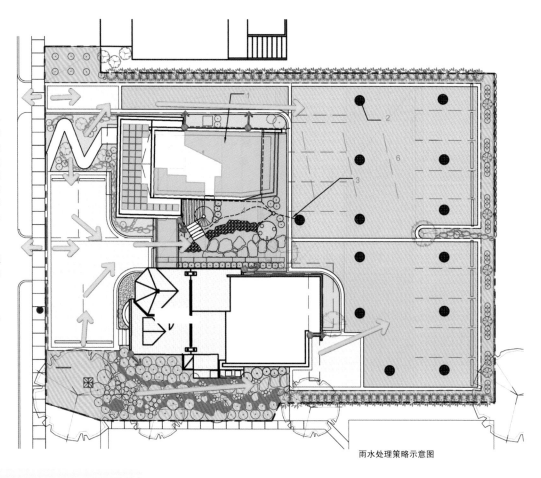

雨水处理策略示意图

## 可持续设计认证

2010 年，SWT 景观设计公司总部景观设计入选"可持续景观设计动议"（Sustainable Sites Initiative）认证，接受该机构针对可持续景观设计当时全新设立的四星认证体系和标准的检验。同时接受检验的还有 150 多个项目，其中大部分来自美国 34 个州，其余来自加拿大、冰岛和西班牙等地。2012 年 12 月，SWT 景观设计公司成为全球唯——家总部环境得到 SITES 认证的设计公司，获得 SITES 二星级认证。

1. 林地花园面积约为 230 平方米，春意盎然
2. 果蔬园由公司员工管理
3. 太阳能板

**园区绿色屋顶总平面图**

用地上所有的雨水处理元素都采用人性化设计，侧重节水环保教育普及。园区内采用解释性标示，向园区内使用者讲解各种设计元素的功能原理。园区内还经常开展导演带队游览活动，社区居民团体和公司客户都能参与。整个项目用地的设计旨在展示完美的雨水处理过程，宣传具有环保意识的设计。

员工停车场采用透水铺装，项目用地上的雨水处理和渗透作用主要就是依靠这类铺装，这也是用地雨水处理设计的一个最重要的元素。雨水花园位于两个办公区的中间，新建小屋的员工入口就设置在这里。雨水花园主要负责正门停车场的雨水以及两栋大楼之间的连桥上的雨水径流的过滤和渗透，还包括绿色屋顶上雨水径流的一部分。后方的石墙、石板铺装、水景和平台等元素为员工营造了一个静谧舒适的休闲空间，可以在此放松休息或者享受户外午餐。

雨水花园平台上的一架旋转楼梯直通绿色屋顶，屋顶上也有宽敞的平台，并设有遮阳篷和桌椅等设施，天气好的时候员工可以在这里吃午饭。

**材料**

雨水的处理和传输设计采用的材料包括：绿色屋顶土壤、过滤织物、塑料植物根障、铝制水槽和落水管（表面有粉末涂料）、穿孔聚氯乙烯排水管（PVC）、河砾石、石灰岩、混凝土地砖、暗色岩与骨料基层岩、雨水花园种植土壤等。所有的材料都具有化学惰性，不会对雨水造成污染。相反，所用大部分材料都有利于雨水中污染物的过滤和清理。

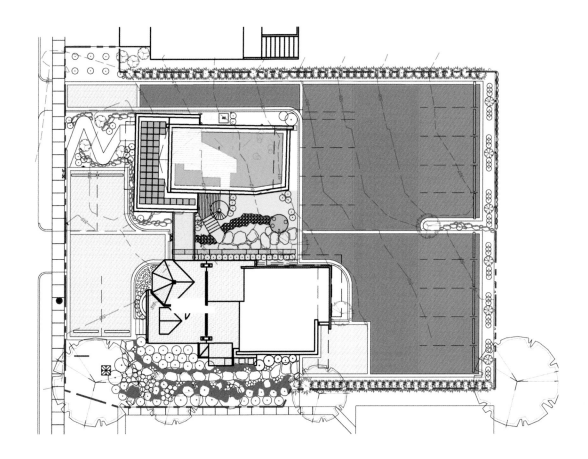

**土壤修复设计平面示意图**

此图显示的是本案中土壤上栽种植被的区域，以及在施工过程中修复至何种程度。原有土壤经过改良，为种植植物做好准备。具体改良工作如下。重点树木在施工过程中得到保护，至今保持健康。

所谓"原地不动土壤"的区域，是指原本就有植物生长的种植区，施工中只需对过度生长的植物进行清理，或是清除主要植被下方蔓生的杂草，清理入侵植被，另外，有些草皮需要改造成花池。这些区域的修复工作仅限于在新栽植物的土壤表面加一层堆肥。

所谓"遭到破坏、需要修复的土壤"区域，指的是在本案施工过程中受到破坏的区域。这些区域在施工结束后，土壤得到改良，具体办法如下：在土壤中加入一层混合化肥，厚度约为5～8厘米；植物栽种后，再在土壤表面增加一层堆肥。

所谓"之前遭到破坏、需要修复的土壤"区域，是指从前有铺装的地面，经过修复改造，变成种植区。表层土壤主要来自项目施工中（包括用地整平和建筑施工）产生的土壤。这些土壤经过翻整，里面又加了一层混合化肥，厚度约为5～8厘米。有些地方排水量更大，对土壤的稳定性要求高，还有些地方受损严重，比如之前没有铺装的地面。这些区域除了混合化肥层之外，还增加了进口混合土壤。之后，所有经过修复的土壤区域上都栽种本地植物以及能够适应本地气候的植物，尤其是要能够经受该地不太好的土壤条件，并且能在未来长期的生长过程中有助于修复土壤健康状况。

经过修复的土壤要避免过度夯实，避免在施工活动结束后在这些区域上出现车来车往。修复和栽种结束后，这些区域的表面再加上一层堆肥，防止土壤侵蚀。

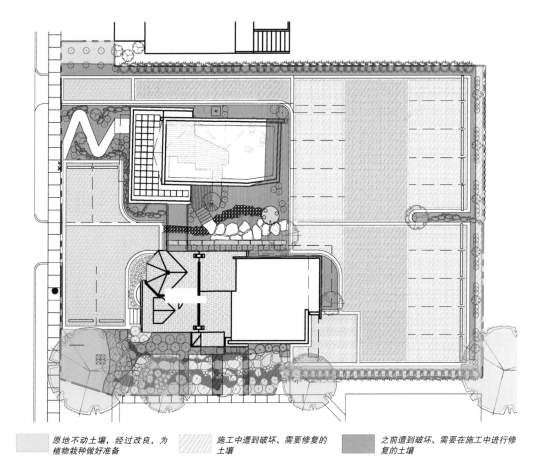

原地不动土壤，经过改良，为植物栽种做好准备　　施工中遭到破坏、需要修复的土壤　　之前遭到破坏、需要在施工中进行修复的土壤

**雨水管理设计**

淡水沼泽森林能够收集 65% 的雨水径流并进行过滤和净化，用作如厕冲刷、植物灌溉以及室外冲洗之用。

# 新加坡裕廊生态园

**景观设计：**德国戴水道设计公司
**项目地点：**新加坡，裕廊镇

　　裕廊镇管理局（JTC）清洁科技园区占地面积50公顷，设计愿景是成为热带雨林地区的首个商业园区，在推动新加坡扮演全球可持续领导者的角色方面将发挥重要作用。占地5公顷的中央核心区——裕廊生态园——是园区的肺部和心脏，于2014年6月建成开幕。裕廊生态园坐落在清洁科技园区的中心区域，毗邻南洋理工大学。作为设计的园区绿肺，裕廊生态园由"森林之峰"、"野生走廊"、"淡水沼泽森林"与"溪流山谷"四大主题区块组成，有效地保留了当地原有的再生林。其中，淡水沼泽森林能够收集65%的雨水径流并进行过滤和净化，用作如厕冲刷、植物灌溉以及室外冲洗之用。而用地内所使用的岩石、木质指示牌、木质座椅等，皆来源于裕廊镇管理局其他建造项目材料的回收利用。生物多样性的改善成为最直观的数据：监测到15种新的蝴蝶品种在此落地。自然生态的环境为生物提供了生存的场所，同时这一绿色生态园区也为园区内的工作人员及附近居民和访客提供了休闲娱乐、亲近自然的优美环境，能够有效吸引研究和开发洁净新科技的企业入驻。

周围环境

建筑群的一侧与城市相接，而另外一侧则朝向森林。原有的生态栖息地（包括草地、林地和泥炭沼泽区）都尽可能地保留。对现存的野生动物物种进行了记录，通过增加植被种植，为野生动植物提供食物和栖息地，自然野生动物廊道功能得到加强，将用地与周边环境紧密相连。自然地形尽可能保留，并

与新加坡公用事业局的"活跃、美观、洁净"（"Active, Beautiful, Clean"，简称"ABC"）水域方案理念相呼应。该ABC水域方案将在用地内实施，以改善用地内原有水系的面貌。生态洼地能够净化雨水，并将其从路边排水渠道引流至中央核心区。在那里，一系列的沼泽和池塘会收集并存储雨水，再通过生态净化

集水区
原有排水管道
开放式雨水处理系统
封闭式雨水处理系统
蓄水区

**水文系统分析图**

集水区：水排入周围排水管道

集水区：通过路边排水管道将水排入沼泽

集水区：通过地上将水排入沼泽

**水文设计理念分析图**

所有落入集水区内的雨水都会通过一系列地表以及地下的设施进行处理，应用多种可持续雨水管理方式。不是采用集中的大集水区，而是拆分成若干个小集水区，利用分散处理法使雨水径流的管理更快捷，不会让全部雨水在处理前就缓缓流入周围湿地中。

设计师首先估算了用地上的不透水表面面积和不同类型表面之上雨水径流的流速（包括屋顶、步道、透水路面和水面等），以此为基础来决定集水区的规模。步道和停车场大概占用地面积的40%。集水区、排水管道和相应的蓄水区位置的布置则取决于对用地地势高度的估算。

群落加以循环，进行进一步的净化，在重新使用（比如冲厕）或排放进入公共排水沟之前达到特定的水质标准。

所有这些针对土地的设计表明了人类不仅期许与自然可持续共存，同时希望靠近自然、融入自然，让人类和自然双方都能够受益、成长和发展。

**项目名称：**
新加坡裕廊生态园
**设计时间：**
2009-2011年
**竣工时间：**
2014年
**工程设计：**
盛邦国际咨询有限公司
**委托客户：**
裕廊镇管理局
**面积：**
5公顷
**摄影：**
德国戴水道设计公司
**奖项：**
2014年新加坡总统设计奖

1. 场地艺术品"雕刻的迷宫"
2. 瞭望台
3. 自然式地形变化和台阶设置

具有清洁功能的"群落生境"是人造湿地的一种形式。这种湿地由缺乏营养物的基质组成，上面种植具有良好净水功能的湿地植被。这是一种纯天然的净水系统，净水能力极强，所以应用范围非常广泛，包括湖泊的景观修复以及城市水体的清洁等。只受到轻微污染的水体尤其适合采用这种手段进行修复，其施工也非常简单，形式可以很灵活，可根据具体情况拆分成若干小的群落区。这种方法适合应用在生态敏感地区、公园、城市开放式空间以及乡村地区等。

具有清洁功能的"群落生境"具备一大优势，即纯天然净水过程，不用任何有毒化学物质，如氯或臭氧。而机械处理过程，如机械过滤或紫外线处理，则可以根据具体情况采用，一般情况下可以不用。

过滤介质：
实际的过滤基质必须满足较高的规格要求。一般来说，当地的沙土经过彻底清洗就可以采用。沙粒大小的选择以及1~3毫米材料的分布非常重要，因为必须确保达到并长期维持最佳过滤效果。

植被：
这种"群落生境"内栽种的植被是整个净水系统运行的关键，决定了湿地基质长期的净水效果和过滤能力。根据用地条件以及对植物需求的不同，应采用适合的植被，一般来说几乎所有的湿地植被都可采用。普通芦苇最为常用。

有机负载：
这种"群落生境"在分解微粒和有机物方面非常有效。有机碳复合物在消耗氧气的微生物的帮助下可进行降解。微动物群与植物根系共生，湿地的基质表面为其提供了无限的生存空间。所需的氧气通过需要处理的雨水输送进来。植物通过根系也对氧气的供给起到重要作用。碳以二氧化碳的形式排出净水系统外。

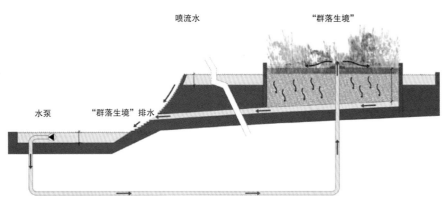

**"群落生境"主要层次结构示意图**

吴玉石（音）摄

1. 休息和自行车停靠点
2. 溪流河谷
3. 瞭望和休息平台
4. 由石头铺就的雨水收集洼地与周围环境自然融合
5. 湿地以及拥有屋顶花园和淡水过滤冲刷系统的厕所构筑物夜景

朱利安（音）摄

# 萨巴尔马蒂河滨水公园

**景观设计：**绿洲景观设计公司

**项目地点：**印度，艾哈迈哈巴德

1. 连接美食广场和主花园的迷你公园
2. 散步道
3. 儿童区的中央小广场，周围为不同年龄段的儿童分别设置了游乐空间

萨巴尔马蒂河滨水公园（Sabarmati Riverfront Park）位于印度艾哈迈哈巴德萨巴尔马蒂河沿岸，由印度绿洲景观设计公司（Oasis Designs Inc.）操刀设计。这座带状公园绵延1200米，宽度从30米到60米不等。

由于地下水匮乏，雨水渗透区域的设置就成为设计师关注的重点。采用的策略是在地面透水的各个地方设置带状花池，里面铺设透水性基底层，雨水能够渗入地下。花池与地面找平，铺设了0.6米的透水材料，包括粗骨料和细骨料，确保良好的渗水效果。找平层比地面低5厘米，便于上面再安装一层覆盖层。

## 用地条件

在设计初始阶段，本案的项目用地及其周围环境主要有以下特征：

· 沿河有一条散步大道，地势较低

· 公园沿河一侧有挡土墙

· 在用地近乎正中央的位置有一条暗渠

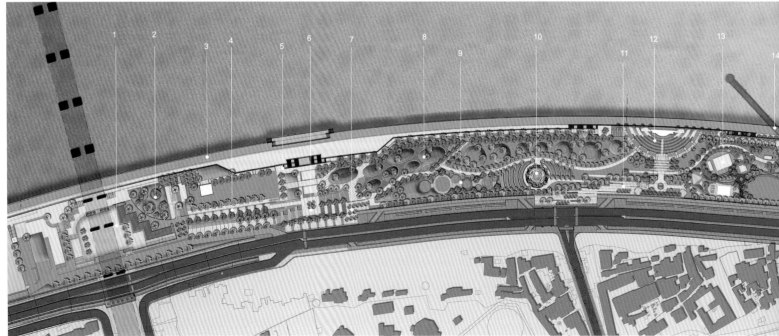

效果图

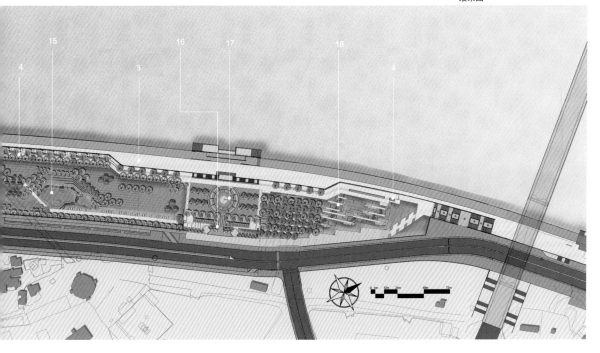

**竣工时间：**
2014年1月
**面积：**
60,000平方米
**摄影：**
贝托·雷吉尼克（Beto Reginik）、
尤里·赛罗迪奥（Yuri Serodio）
**奖项：**
2014年印度住房与城市开发公司
（HUDCO）景观规划设计奖

·达德海施沃大桥（Dudheshwar）正
在修建中
·公园西侧的道路正在动工

公园周围的土地使用情况如下：
·萨巴哈什大桥（Subhash）一侧是高
档住宅区
·达德海施沃大桥一侧是水景和各种
综合设施
·公园西侧是新建的市政规划道路，
经过这条路就能进入公园

## 使用需求

这座公园的设计旨在满足各类
人群的使用需求。公园里规划了不同
的活动空间，能够满足不同年龄段、
不同使用群体的活动需要，包括全家
老小、年轻夫妇、个体、老年人、青年
人、小孩子、不同收入水平的人群以
及残障人士等。

## 兼顾安全性与可视性

出于安全上的考虑，公园与道路
交界的一侧需要设一堵边界墙。设计
师采用了具有良好的视觉通透性的墙
体，这样一来，从公路上就能欣赏公
园里的美景，同时也保障了公园的安
全。

平面图
1. 美食广场
2. 迷你公园
3. 低处散步大道
4. 店铺
5. 高处散步大道
6. 阶形井
7. 3号入口
8. 椭圆形高地广场
9. 儿童空间
10. 同心圆广场
11. 2号入口
12. 阶梯广场
13. 儿童游乐区
14. 暗渠
15. 荷花池
16. 1号入口
17. 日晷
18. 静思园

1. 静思园闲坐区
2. 静思园内植被丰富多彩
3. 静思园内的绿化带和座椅
4. 静思园的绿化设计层次分明

静思园植物平面布局图

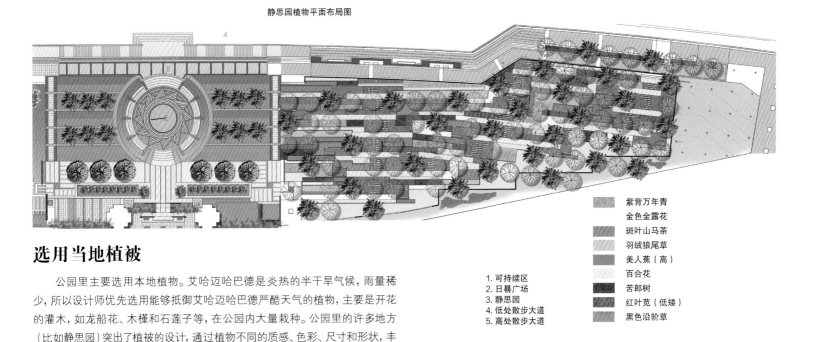

紫背万年青
金色金露花
斑叶山马茶
羽绒狼尾草
美人蕉（高）
百合花
苦郎树
红叶苋（低矮）
黑色沿阶草

1. 可持续区
2. 日晷广场
3. 静思园
4. 低处散步大道
5. 高处散步大道

# 选用当地植被

公园里主要选用本地植物。艾哈迈哈巴德是炎热的半干旱气候，雨量稀少，所以设计师优先选用能够抵御艾哈迈哈巴德严酷天气的植物，主要是开花的灌木，如龙船花、木槿和石莲子等，在公园内大量栽种。公园里的许多地方（比如静思园）突出了植被的设计，通过植物不同的质感、色彩、尺寸和形状，丰富了公园的景观环境。另外，公园内栽种了大面积的树木，以便带来大片阴凉，预计未来15年里，公园内的绝大部分面积都将笼罩在阴凉中，人们可以在此享受舒适凉爽的城市公共空间。

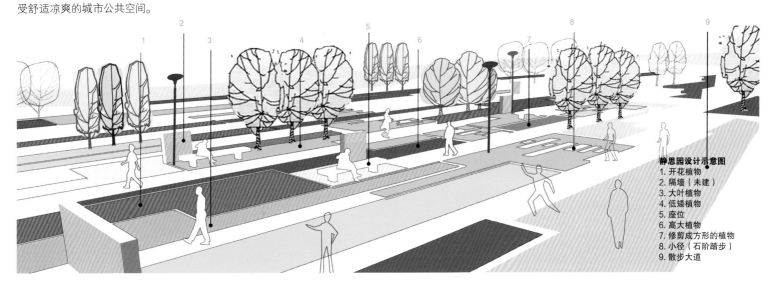

静思园设计示意图
1. 开花植物
2. 隔墙（未建）
3. 大叶植物
4. 低矮植物
5. 座位
6. 高大植物
7. 修剪成方形的植物
8. 小径（石阶踏步）
9. 散步大道

1. 日晷广场全景　　　　图片版权：尼基·沙哈（Niki Shah）

**日晷广场设计示意图**
1. 绿化带，下方是透水材料，雨水可以迅速渗透
2. 卫生间
3. 入口广场
4. 售票台与管理办公室
5. 日晷广场
6. 散步大道
7. 绿色山岗

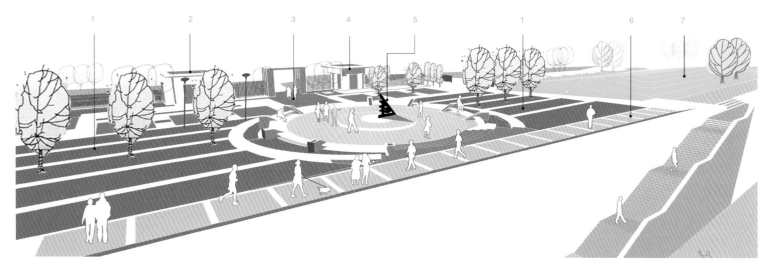

## 基本构成

**· 公园两侧**

萨巴尔马蒂河滨水公园的设计凸显了公园滨水的地理优势，充分利用了散步大道边沿河的自然风景。公园选址的位置地势较高，高于最高洪水位，所以拥有欣赏河岸美景的良好视野。沿河的散步大道地势较低，这条大道虽然不是公园设计的一部分，但是跟高处的公园有三个相交点，融为一体。这是公园沿河的一边，另一边毗邻城区，公园和城区之间新建了一条滨水大道。从这边看去，公园显得规划有序，一目了然。路边还设置了烧烤区，同样延续了公园的滨水主题，让由此路过的行人不必走进公园就能体验其风貌。

**· 公园地势**

公园的地势经过调整，更有利于欣赏河岸风景。园内设置了几座小山丘，从山丘上能纵览河岸全景。甚至散步大道的地势也是经过精心规划的，也考虑到了赏景视野的问题。

**· 入口设置**

这座公园设置了三个入口，地点就选在公园与低处的散步大道相交汇的位置。三个入口都设计成小广场，分别是：日晷广场、阶梯广场和椭圆广场。这些地方的设计，除了考虑到公众使用的便利之外，还考虑到未来需要的安全设施和管理处办公室。

**· 内部空间**

每个入口广场都有主题景观区，各不相同，丰富多样，让游客在一座公园中能体验到完全不同的环境。公园的空间组织是精心规划的，各主题区呈线性依次布置，能够满足各个年龄段的人群不同的活动需求。其中包括：静思园、荷花池、儿童游乐区以及若干小花园。

公园内的空间可以分为动与静两种。美食广场和儿童游乐区代表了"动"，而偏"静"的活动，如冥思或瑜伽等，则专门设置了一个区域。这两类空间以中央的荷花池和阶梯广场为分隔。

剖面图 A-A

剖面图 B-B

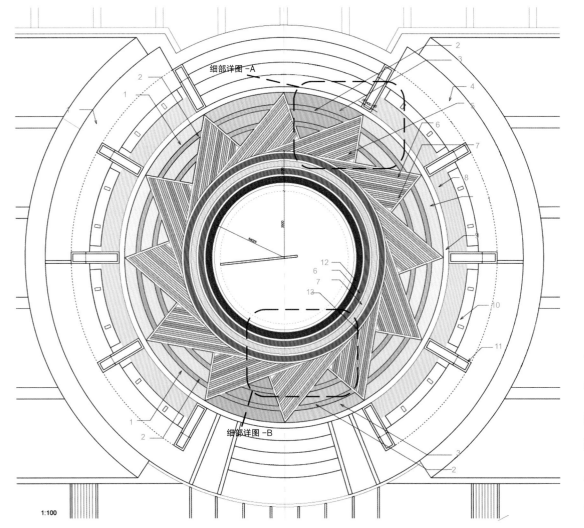

1:100

**日晷广场材料布局图**
1. 绿化区
2. 花岗岩板（宽 250 毫米）
3. KOTA 石喷砂处理
4. 草坪
5. 青灰色花岗岩（宽 100 毫米）
6. 红色花岗岩（90 毫米 x 90 毫米，皮革涂饰）
7. SADAR 石（宽 300 毫米，全灰）
8. 水洗 KOTA 石
9. 花岗岩板（宽 300 毫米）
10. 青灰色花岗岩座椅（厚 30 毫米，表面煅烧、水洗）
11. 花池顶部花岗岩石板（厚 30 毫米）
12. 花岗岩鹅卵石
13. 带状青灰色花岗岩（宽 100 毫米）

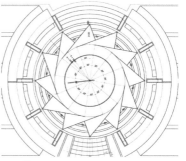

**日晷广场地面铺装图案示意图**
1. 从这个点上引出切线，从小圆延伸到大圆

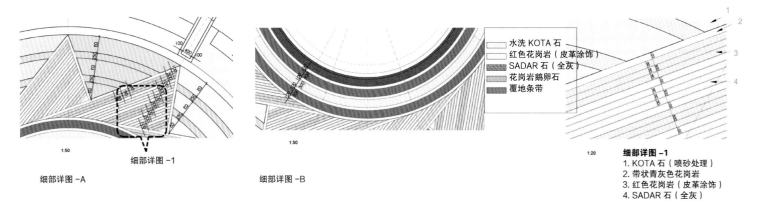

1:50

细部详图 -1

细部详图 -A

1:50

细部详图 -B

| | 水洗 KOTA 石 |
|---|---|
| | 红色花岗岩（皮革涂饰）|
| | SADAR 石（全灰）|
| | 花岗岩鹅卵石 |
| | 覆地条带 |

1:20

**细部详图 -1**
1. KOTA 石（喷砂处理）
2. 带状青灰色花岗岩
3. 红色花岗岩（皮革涂饰）
4. SADAR 石（全灰）

# 特色景观

　　这座公园是萨巴尔马蒂河岸上的首个滨水公园，选址别具匠心，河对岸就是甘地故居，当地人称为"甘地修行所"（Gandhi Ashram）。从这里能够遥望对岸甘地故居的全景。设计理念是要凸显这一有利的地理优势，让公园游客更关注这里的文化背景。

·里程碑步道

　　圣雄甘地曾说过："我的一生就是我的信念。"甘地一生身体力行地实践了他的处事哲学，里程碑步道上将展现他一生中的大事件。游客在这里可以探寻甘地一生的轨迹，这条步道也会是公园里一处独特的人文景观。

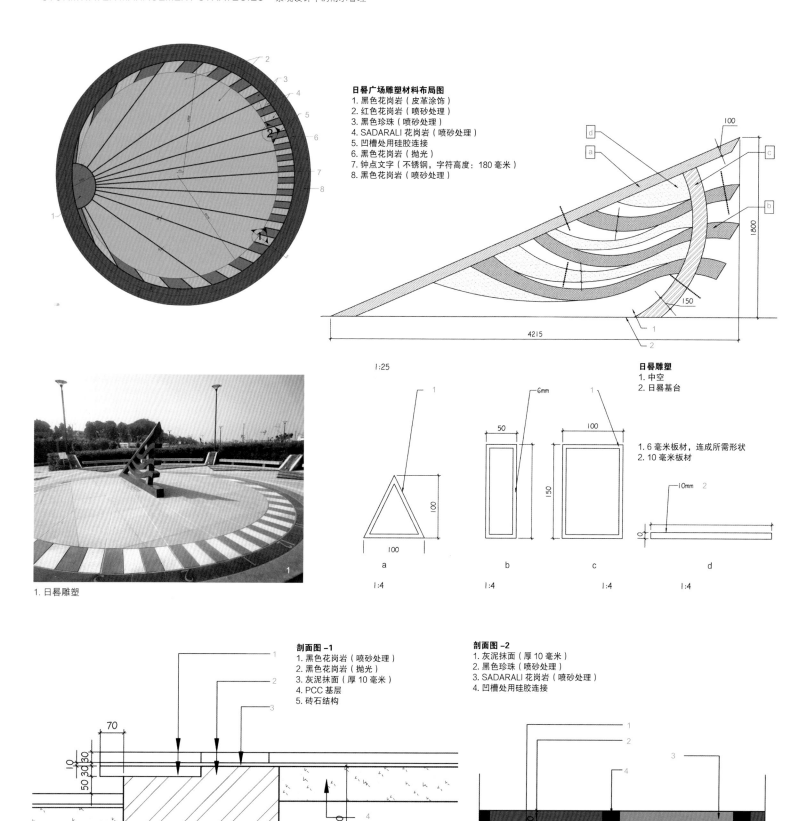

日晷广场雕塑材料布局图
1. 黑色花岗岩（皮革涂饰）
2. 红色花岗岩（喷砂处理）
3. 黑色珍珠（喷砂处理）
4. SADARALI 花岗岩（喷砂处理）
5. 凹槽处用硅胶连接
6. 黑色花岗岩（抛光）
7. 钟点文字（不锈钢，字符高度：180 毫米）
8. 黑色花岗岩（喷砂处理）

1:25

日晷雕塑
1. 中空
2. 日晷基台

1. 6 毫米板材，连成所需形状
2. 10 毫米板材

a　1:4
b　1:4
c　1:4
d　1:4

1. 日晷雕塑

剖面图 –1
1. 黑色花岗岩（喷砂处理）
2. 黑色花岗岩（抛光）
3. 灰泥抹面（厚 10 毫米）
4. PCC 基层
5. 砖石结构

剖面图 –2
1. 灰泥抹面（厚 10 毫米）
2. 黑色珍珠（喷砂处理）
3. SADARALI 花岗岩（喷砂处理）
4. 凹槽处用硅胶连接

1:5

1:10

**· 日晷广场**

广场中央的日晷能够捕捉太阳运动轨迹的变化，体现出地球围绕太阳的运动轨迹以及地球每天自转带来的日夜交替，也象征了人一生中的运动轨迹。

**· 静思园**

公园里设置了一座静思园，静谧的环境让人不知不觉与圣雄甘地以及其他

**荷花池设计示意图**

1. 步行小径
2. 喷泉
3. 入口通道（人行道与自行车道分离）
4. 荷花池
5. 小桥
6. 台阶（可坐人）
7. 里程碑步道

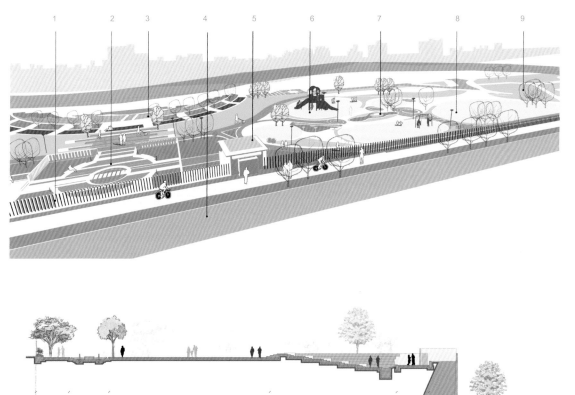

阶梯广场剖面图

**儿童游乐区与阶梯广场设计示意图**
1. 开放式公园边界，从路上就能看到公园风景
2. 入口广场
3. 阶梯广场
4. 入口通道
5. 卫生间
6. 儿童游乐区
7. 座位区
8. 游乐区
9. 绿色山岗广场

伟大的思想家神交。静思园里也种植了多种植被，植物呈现出不同的质感、色彩、尺寸和形状，景色宜人。

## 结语

　　这是一座拥有滨河景观的城市公园，一座凸显了甘地故居历史背景的人文公园，甫一竣工，立刻得到附近居民和各地游客的喜爱，现已成为艾哈迈哈巴德重要的旅游景点。

1. 荷花池
2. 荷花池边的阶梯座椅
3. 儿童游乐区

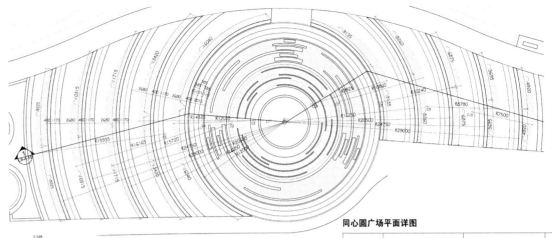

**同心圆广场平面详图**

| 序号 | 东向－X | 北向－Y | 序号 | 东向－X | 北向－Y |
|---|---|---|---|---|---|
| 同心圆 1 | 9684.153 | 8855.540 | 同心圆 6 | 9686.747 | 8860.329 |
| 同心圆 2 | 9682.713 | 8854.190 | 同心圆 7 | 9689.076 | 8862.853 |
| 同心圆 3 | 9680.794 | 8852.049 | 同心圆 8 | 9692.929 | 8866.135 |
| 同心圆 4 | 9678.338 | 8849.118 | 同心圆 9 | 9697.625 | 8869.633 |
| 同心圆 5 | 9675.482 | 8845.652 | 同心圆 10 | 9702.223 | 8872.879 |

**参照细部详图 –A**

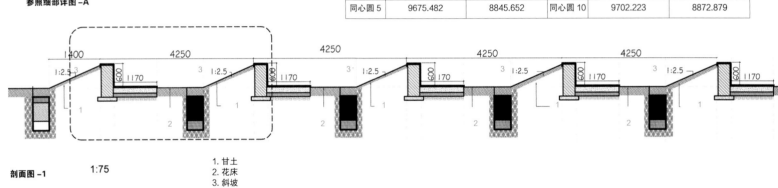

**剖面图 –1**      1:75

1. 甘土
2. 花床
3. 斜坡

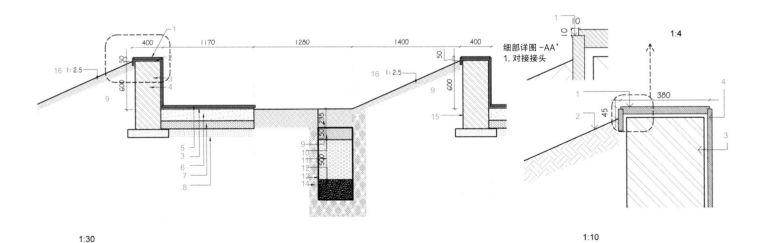

1:30

1:10

**标准细部详图 –A**
虚线框 参照细部详图 –A'
1. 顶部水洗 KOTA 石（厚 30 毫米）
2. 墙面粗砂覆层（厚 20 毫米）
3. 灰泥抹面（厚 15 毫米）
4. 砖石结构（厚 230 毫米）
5. 地面水洗 KOTA 石（厚 30 毫米）
6. PCC 基层（厚 150 毫米）
7. 硬核（厚 100 毫米）

8. 素土夯实
9. 甘土
10. 小块碎石（直径：10 毫米）
11. 大块碎石（直径：40～60 毫米）
12. 滤沙层（150 毫米）
13. 土工织物层
14. 松土
15. 墙深
16. 斜坡

**细部详图 –AA'**
1. 对接接头

1:4

**细部详图 –A'**
虚线框箭头上标注 细部详图 –AA'
1. 水洗 KOTA 石（厚 30 毫米）
2. 甘土
3. 砖石结构（厚 230 毫米）
4. 墙面粗砂覆层（厚 20 毫米）

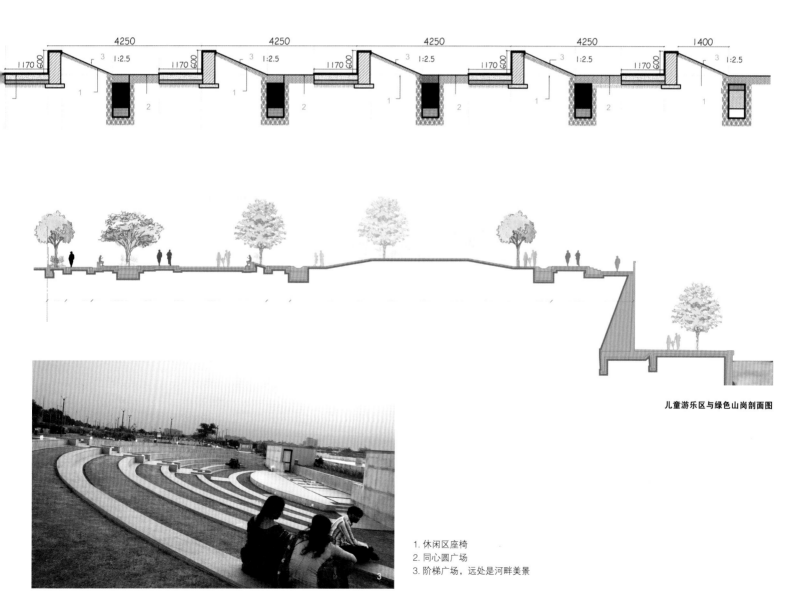

儿童游乐区与绿色山岗剖面图

1. 休闲区座椅
2. 同心圆广场
3. 阶梯广场，远处是河畔美景

# 新门瓦若赛恩区景观规划

**景观设计**：米兰蓝德景观事务所、易道（方案设计）

**项目地点**：意大利，米兰

1. 园内主要道路
2. 城市环境中的休闲景观

新门瓦若赛恩区景观规划（Porta Nuova Varesine）是米兰蓝德景观事务所（LAND Milano srl）与AECOM全球咨询集团联手打造的多功能总体规划与城区改造项目。瓦若赛恩区位于米兰市中心，这一规划案是意大利最重要的城区开发项目之一，其中包含高档公寓、写字楼、零售空间和文化中心。

整个新门开发项目扮演了一个特殊的角色——率先实践了市政府土地规划与米兰绿色计划中颁布的所有设计原则。率先动工的几条"绿色射线"（政府规划的绿化方案）将覆盖这一地区，所以，项目用地的开发要放在更大的规划背景中来看，要从更广阔的城区开发视角着眼，要实现城区开发三大基础要素的有机结合——交通基础设施、建筑与环境。

新门瓦若赛恩区景观规划以城市空间的超强渗透性为特色。设计主旨是公共空间的延续性与关联性，让自然特色融入建筑环境。两大广场——莉娜·波·巴迪广场（Piazza Lina Bo Bardi）和阿尔瓦·阿尔托广场（Piazza Alvar Aalto）——通过一条宽阔的步道相连，再加上一座宽敞的屋顶花园——枫树园，整个公共空间融为连绵的一体。

露天公共空间的设计旨在通过周围的城区环境让各个建筑物彼此相连，

1

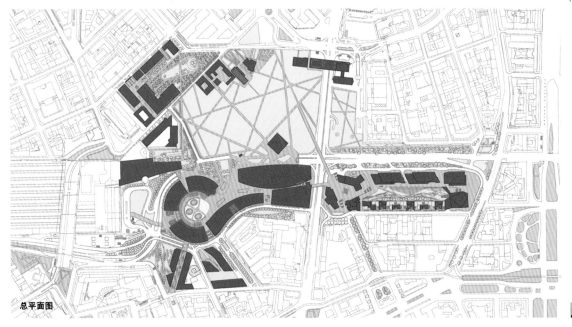

总平面图

**项目名称：**
新门瓦若赛恩区景观规划
**竣工时间：**
2014年
**主持设计师：**
安德里亚斯·基帕尔
（Andreas Kipar）
**项目经理：**
瓦莱里娅·帕格利亚诺
（Valeria Pagliaro）
**设计团队：**
茱利亚诺·加略罗（Giuliano Garello）、
瓦莱里奥·波佐利·帕拉萨齐
（Valerio Bozzoli Parasacchi）、
伊万·马埃斯特里（Ivan Maestri）、
詹卢卡·鲁利（Gianluca Lugli）等
**投资方：**
海因斯房地产公司
（Hines Italia SGR Spa）
**面积：**
9公顷
**摄影：**
米兰蓝德景观事务所

尤其是在商业区和住宅区之间建立关联，也包括与规划中的未来公园的关联，旨在强化各公共空间之间的渗透和过渡。在景观的层面上让这一城区与米兰的其他地区彼此相连，一方面，利用地面铺装和城市小品；另一方面，利用"绿色元素"打造未来的"树种库"，与毗邻的新门加里巴尔迪区（Porta Nuova Garibaldi）和现有的绿化区（尤其是这一地区四周的街道）建立连接。

1. 从阿尔瓦·阿尔托广场上眺望开发区景观
2. 孩子们在花园内的绿色山坡上嬉戏

**索引图**

□ 类型 1
▨ 类型 2
▨ 类型 3
▨ 类型 4

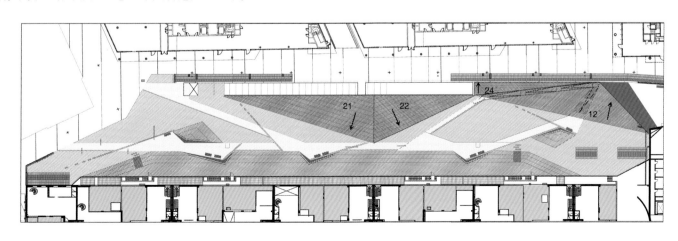

1. 小路边是绿色的山坡
2. 枫树园

**草坪地质构成**
1. 表层土壤
2. 混合土壤
3. 过滤结构（无纺布土工织物）
4. 蓄水、排水和通风预制结构（4厘米）
5. 机械保护和挡水毡
6. 合成物隔根薄膜
7. 隔离层
8. 结构板

**灌木与地表植被区地质构成**
1. 护根层（10厘米）
2. 表层土壤（10厘米）
3. 混合土壤
4. 过滤结构（无纺布土工织物）
5. 蓄水、排水和通风预制结构（4厘米）
6. 机械保护和挡水毡
7. 合成物隔根薄膜
8. 隔离层
9. 结构板

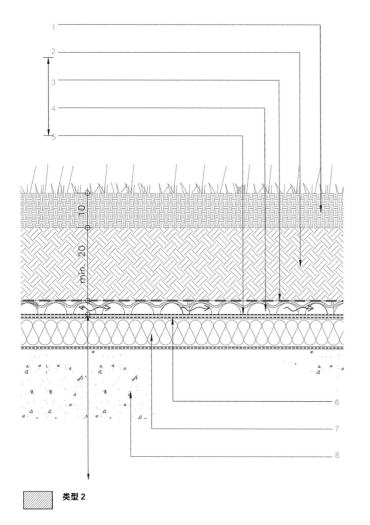

**类型 2**

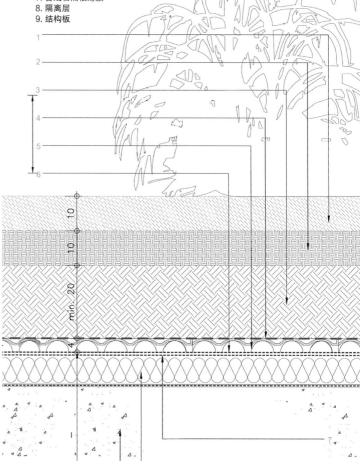

**类型 2**

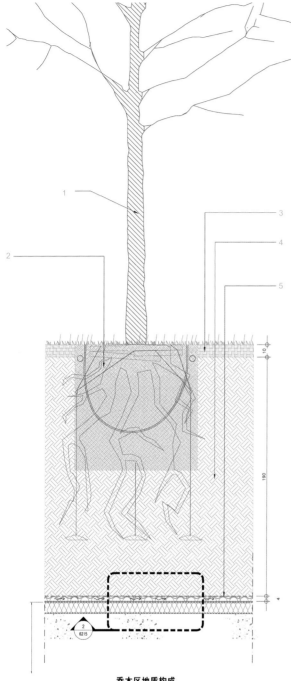

**乔木区地质构成**
1. 新栽树木
2. 树坑（100 厘米 x 100 厘米 x 70 厘米），回填表层土壤
3. 表层土壤（10 厘米）
4. 混合土壤
5. 类型 3

**乔木区地质构成**
1. 混合土壤
2. 过滤结构（无纺布土工织物）
3. 火山岩鹅卵石
4. 蓄水、排水和通风预制结构（4 厘米）
5. 机械保护和挡水毡
6. 合成物隔根薄膜
7. 隔离层
8. 结构板

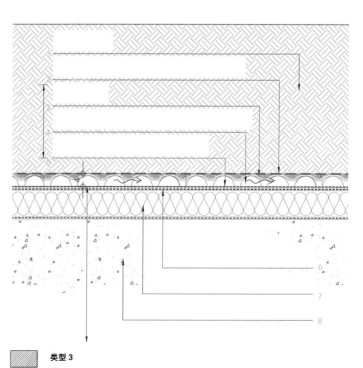

■ **类型 3**

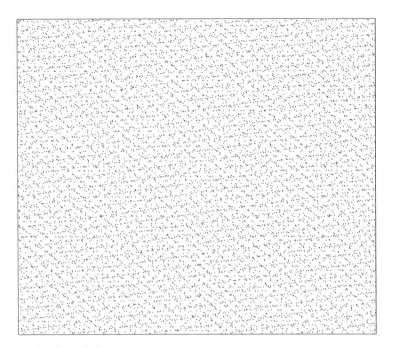

铺装类型：砾石铺装

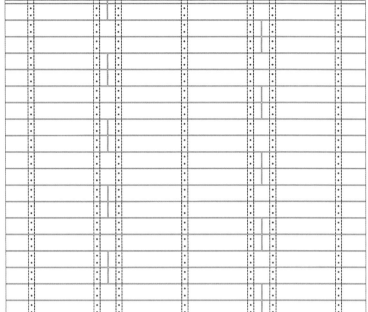

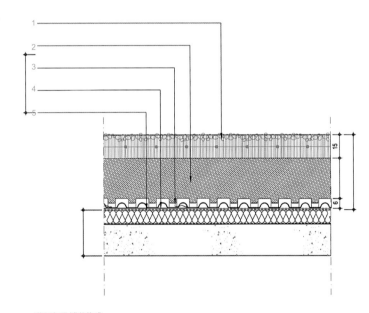

**花园标准铺装构成**
1. 混凝土板，上有金属丝网，15厘米，表面有碎石（大小不一；类型：砾石铺装）
2. 轻型混凝土找平
3. 排水板（6厘米）
4. 土工织物（毛毡，起到保护与挡水作用）
5. 防水与隔根薄膜

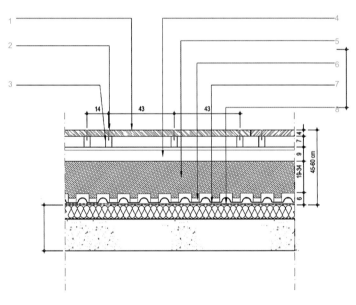

**铺装类型：木板铺装**
（木板规格：10厘米 x 200厘米 x 4厘米）
1. 外层木板铺装，防滑，边缘修圆磨光，间隔5毫米
2. 不锈钢平头螺钉
3. Ω形镀锌铁皮（4厘米 x 7厘米）
4. 混凝土路缘（9厘米 x 15厘米）
5. 轻型混凝土找平
6. 排水板（6厘米）
7. 土工织物（毛毡，起到保护与挡水作用）
8. 防水与隔根薄膜

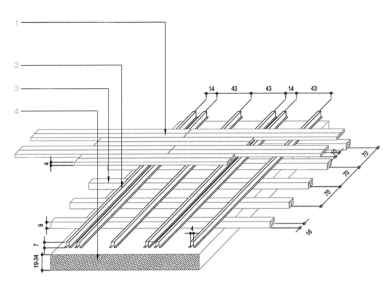

**铺装轴测图（铺装类型：木板铺装）**
1. 外层木板铺装，防滑，边缘修圆磨光，间隔 5 毫米
2. Ω 形镀锌铁皮（4 厘米 x 7 厘米）
3. 混凝土路缘（9 厘米 x 15 厘米）
4. 轻型混凝土找平

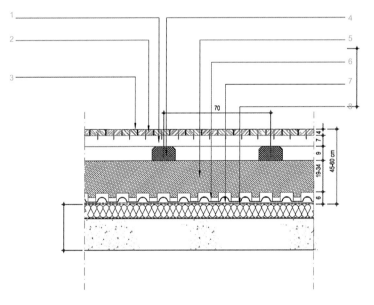

**花园标准铺装构成**
1. Ω 形镀锌铁皮（4 厘米 x 7 厘米）
2. 不锈钢平头螺钉
3. 外层木板铺装，防滑，边缘修圆磨光，间隔 5 毫米
4. 混凝土路缘（9 厘米 x 15 厘米）
5. 轻型混凝土找平
6. 排水板（6 厘米）
7. 土工织物（毛毡，起到保护与挡水作用）
8. 防水与隔根薄膜

1. 小路通向住宅楼

1. 迷你花园环境宜人
2. 花园集多种功能于一体，既能休闲也能运动健身

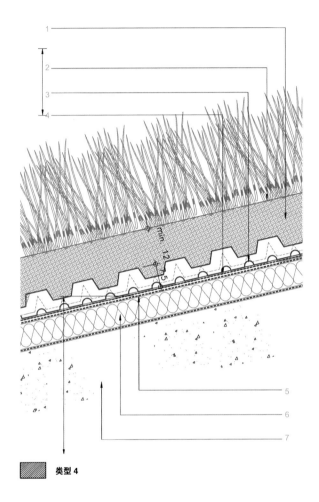

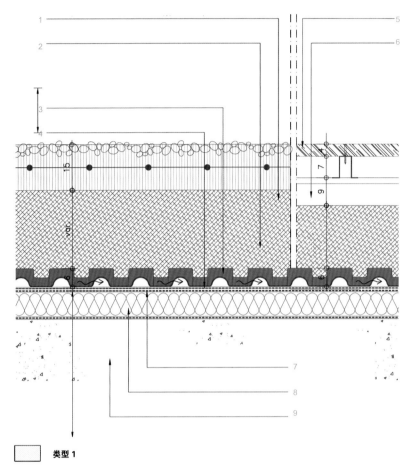

类型 4

**结构化坡地地质构成**
1. 混合土壤 + 表层土壤，厚度不一（至少 12 厘米）
2. 抗侵蚀土工织物（JUTA 品牌纤维织物）
3. 土壤（含排水和通风结构，厚 7.5 厘米）
4. 机械保护和挡水毡
5. 合成物隔根薄膜
6. 隔离层
7. 结构板

类型 1

**行人道路地质构成**
1. 混凝土板，上有金属丝网，15 厘米，表面有碎石（大小不一）
2. 轻质混凝土找平
3. 热力塑形排水结构（6 厘米）
4. 机械保护毡
5. 木板
6. 混凝土梁
7. 合成物隔根薄膜
8. 隔离层
9. 结构板

## 绿色屋顶的优势

·绿色屋顶能保留总雨水的75%，从而避免大量雨水流入城市下水道系统

·绿色屋顶削减该建筑冬季能源费用的10%

·植物形成的保护毯比防水膜防水能力更有效，所以绿色屋顶应至少是传统屋顶寿命的两倍

·绿色屋顶有助于隔音

·由于植物能吸收二氧化碳放出氧气，所以绿色屋顶有助于净化空气

·有助于减少"城市热岛"效应，能减缓高楼林立的城市比郊区温度日趋升高的趋势

·绿色屋顶对使用者和邻居都具有视觉审美的乐趣

·绿色屋顶的植物种植能为一些物种提供生物栖息地

# 沃尔特·戈尔斯公园

**景观设计：**科克里咨询公司

**项目地点：**澳大利亚，悉尼，迪崴海滩　　　　**设计时间：**2014年　　　　**面积：**6,500平方米　　　　**摄影：**科克里咨询公司

设计元素分析图

公园与图书馆前方之间是霍华德大街，街上的广场空间由行人、自行车和机动车共享。

雨水花园能够收集来自周围街道、广场和楼宇的雨水径流，并进行过滤，再在公园内循环利用。

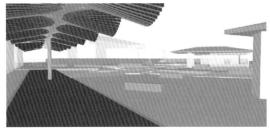

绵延的屋顶遮棚结构和行人散步道界定出公园西侧商业区的边缘。

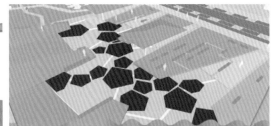

踏步石遵循着雨水花园高地起伏的地势，给公园环境带来动感与趣味性。

雨水花园在屋顶结构下得到延伸，为游人营造出趣味盎然的亲水环境。

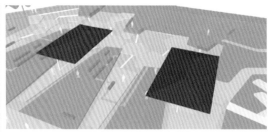

屋顶结构上安装太阳能板，为雨水花园的雨水过滤系统提供电能，还包括整个公园的照明供电。

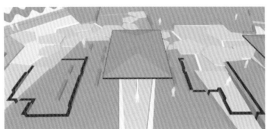

先前建筑物的历史传承价值在公园空间中也有体现，如园内构筑物和屋顶结构。

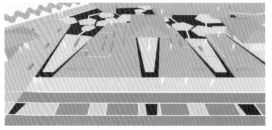

来自霍华德大街的雨水径流流入雨水花园，过滤后进行再利用。

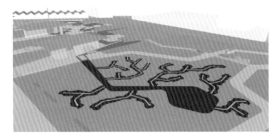

水景的喷射器和喷水池为游人提供了玩水的机会，也能在雨水排入雨水花园进行过滤和再利用之前，先对大众进行雨水管理普及教育。

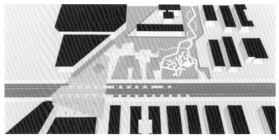

来自周围建筑屋顶上的雨水径流排入公园内的雨水花园中。

## 竞赛背景

澳大利亚沃灵伽议会（Warringah Council）组织了沃尔特·戈尔斯公园概念设计竞赛（Walter Gors Park Design Ideas Competition），目的是寻求创新的设计思路，将这片城市公共空间改造成重焕生机的公园，要体现出沃灵伽的生机、创造力和多样性，同时也要成为迪崴海滩生气勃勃的中心区。

悉尼科克里咨询公司（Corkery Consulting）凭借出色的设计方案在竞赛中拔得头筹。该方案以水作为贯穿公共空间始终的核心元素。"水"象征了空间的复兴、动感与连接。

## 设计概述

沃尔特·戈尔斯公园将凭借对这一城市空间在生态、社会和文化方面传统价值的重新诠释，成为迪崴海滩中心区的一个重要组成部分。

在沃尔特·戈尔斯公园的设计中，水是一个贯穿始终的景观元素，象征了空间的复兴、动感与连接。"水"的文化内涵和生态价值通过一系列"雨水花园"体现出来，既能清洁雨水，同时又给游客带来身心的愉悦享受。全新的遮阳棚模仿原来住宅楼的造型，设置在铺装广场上，上面还设有电子信息显示板。道路和广场的设计拉近了人们与迪崴海滩中心区的距离，包括现实距离和心理距离。其中，广场是一个衔接空间，将沃尔特·戈尔斯公园与拟建的迪崴图书馆连接起来。

沃尔特·戈尔斯公园是人们进行休闲娱乐、开展社交生活的好地方，这片充满生机与活力的城区必将成为当地的游览胜地。

## 诗话"人、地、水"

我漫步在新木板道上，木板下方是暴露在阳光中的排水管道，让人清楚地看到迪崴海滩中心区与迪崴潟湖之间的水源一脉相连。木板道的尽

平面图

头是个木板平台，走到这里，我看到雨水花园中的踏步石仿佛一朵朵睡莲，点缀在波光粼粼的水面上。散步道上有连绵的遮棚，一眼望不到边。走在遮棚下，旁边是鳞次栉比的新店铺，茂盛的行道树带来缤纷的色彩，不觉来到沃尔特·戈尔斯公园正门广场，广场横亘在霍华德大街（Howard Street）上，紧紧衔接起公园和新图书馆。

我在广场上的咖啡店里买了一杯最爱的咖啡，一边喝着咖啡，一边在电子信息板上快速浏览了近期的本地活动通报。一进公园，先是几个小广场，铺着混凝土和木板，广场间有淙淙的流水。迈过水流，就来到一片遮棚。这座公园里有很多这样的遮棚，造型使我想起新公园修建之前伫立在这里的那片房屋。我来到电子信息板前，今天上面是这样一首诗：

"朵朵睡莲，
轻浮水面，
放任水流去，
看孩子嬉戏。"

走在睡莲般的踏步石上，不知不觉自己就蹦跳起来，从一块石头跳到另外一块，没有两块形状相同。池水流过芦苇和杂草，发出细微的声响。

走出小花园，我又来到公园边缘上的一片静谧之地，木板平台和草坪交错分布，阳光透过高大的树木，在地面上洒下摇曳的树影。我在这享受了片刻的宁静独处，又继续前行，朝着宽阔的草坪和欢乐的烧烤区走去。

烤肉的呲呲声很快过去，我又听到了哗哗的水声和孩子们在水边嬉闹的笑声。互动式的水景有喷水，有水车，还有水梯，孩子和家长都能玩得尽兴。走出这欢乐的场景，我打开自行车锁，朝着海滩的方向骑去，去为创作自己的诗歌寻找灵感，也许明天的告示板上就会刊出我的诗呢。

帕多瓦大学植物园

# 自给自足的水循环系统
## ——帕多瓦大学植物园水循环分析

文：乔吉奥·斯特拉帕佐恩

意大利的帕多瓦大学植物园（Botanical Garden of the University of Padova）是世界上最古老的校园植物园，始建于1545年，原名为"简园"（Hortus Simplicium），在1545年6月29日的威尼斯市政档案中尚有案可查。如今，这座植物园还伫立在那里，未曾迁移。过去，园中的植物都是用于提炼药物的品种。药科学生能在这里学习，辨认药用植物与日常植物，而不是像过去那样只能看书本上的插图。这座植物园体现了16世纪整个欧洲崇尚科学的风潮，从那时起，植物学家研究植物不仅是为其药用价值，而且开始着眼整个生物学。

2011年，VS建筑事务所参加了帕多瓦大学植物园设计竞赛并获胜，设计方案包括生物多样性花园中的温室。这里汇集了众多植物品种，堪称全球植物的汇总展览馆，从赤道到两极，无所不包。这里既有潮湿、高温的生长环境，适

合热带雨林生长；也有极端恶劣的环境，冰冷、缺水，任何生命似乎难以在此存活。

## 水

"水"的主题，尤其是对雨水的利用，是生物多样性花园的核心。

温室的设计旨在将建筑对环境的影响降至最低。温室长100米，高18米，不论是建筑造型、空间布局还是安装的设备，目标都是最大化地利用免费的自然资源，如阳光和云层。这样的建筑设计不仅减少了对环境的影响，而且模糊了室内室外的界线。

喷泉和池塘里种植了水生植物。这里还保留着古老的水力设施，过去人们

用这些设施将水引至园中灌溉，现在，这些设施仍然是设计中可资利用的地方。事实上，池塘是古老与现代之间的分割线，而瀑布和小型湖泊则划分出不同的生物群落。温室建筑的设计能够收集雨水，一方面，它是个集水池，为瀑布和湖泊供水；另一方面，雨水能在温室内蒸发，维持室内微气候所需的指数。这种自给自足的水循环系统，是菲利斯·维亚里（Felice Viali）——1693年任植物园园长——可望而不可求的，他曾写道："如果不引入水源进行灌溉，这座植物园就不可能存在，正如上帝建造的人间天堂不能没有河流。"

这座植物园的设计主旨是尽量收集更多雨水。我们估计一年之中能够利用自然降水收集390万升的水源。这对于园中的植物来说是至关重要的水资源，而我们可以从大自然中完全免费获得。

为此，我们设计了一个450立方米的集水池，主要用来收集雨水用于灌溉。这个集水池的功能就像整个植物园的肺一样，满足了园中所需供水的自给。如果降雨过多，雨量过剩，多余的水量则注入城市供水系统。

只有降落在屋顶上的雨水才进行收集并净化（屋顶面积约为4,550平方米），而地面上的雨水则直接用于自然灌溉。如果雨量过大，超出了预期的限量，则启动排水系统，以免过多积水对植物根系造成影响。

从附图中可以看到，雨水的循环过程完全融入了整个建筑，其中的技术体系是一个必不可少的部分。

跟生物多样性花园入口处一样，相同的水循环体系确保集水池中的水不断混合与氧化。

园中有一口自流井，深284米，将水从地下抽上来，水温恒定为24摄氏度，确保热带水生植物全年可以健康生长。干旱时期，这口自流井还与雨水集水池结合使用。

要想让这一水循环体系正常运转，必须使用无盐水，因为无盐水的导电率不超过200mS，能够避免出现意外问题。因此，我们采用软化水（即脱盐水），质和量都严格控制。

我们利用太阳能板发电，所得电力用于水泵的运转（在水泵的作用下，整个水循环系统得以运行）以及整个温室的运作（由电脑自动操控）。

## 灌溉

园中植物品种多样，最适合的灌溉方式就是滴灌。这样，我们就能在同一片植被中增加或减少某些地方的灌溉强度，只要增加或减少滴灌点就能实现。

滴灌，或者叫"微灌溉"，是灌溉用水管理的一种现代化方式，能对植物缓慢给水，可以将水滴注在植物旁边的土壤表面，也可以直接在根系处给水。滴灌需要一整套设备，包括阀门、水管和各种型号的微型喷雾器和（或）滴水器。设计的目标是实现最大化的节水。滴灌一般用于乔木，但近年来已迅速扩展到工业和园艺植物。表面滴灌技术（SDI）是利用插入滴管的滴水器（滴头），将水滴注在植物周围的土壤表面。滴管一般要满足多年的使用，因此，设计时其配置一定要精确、严格。

滴灌是最有利于节水的灌溉手段（除了再循环用水之外），非常适合水资源

帕多瓦大学植物园

帕多瓦大学植物园

紧缺的情况，不仅节水，还能有效节省灌溉操作所需的人力。只要安装得当，并适当使用，滴灌技术可以减少土壤水分蒸发蒸腾的损失总量，并减少渗入地下深层的水分，从而实现良好的节水效果，因为，相较于喷洒或流水灌溉来说，滴灌能更精确地控制直接接触植物根系的灌溉水量。

良好的系统设计能够有助于最大化地实现滴灌技术的优势，能够带来可观的效益，包括：

· 灌溉用水的分配更均衡，减少污染物的排放
· 操作更简单
· 将肥料掺入灌溉用水，从而让肥料更好地发挥作用（施肥灌溉一体化）
· 减少土壤夯实现象
· 可以将某些种类的农药和杀虫剂掺入灌溉用水，从而避免有害物质直接接触植物或者传播到空气中
· 可以根据植物的特定需要，实现少量、多次灌溉

### 滴灌技术的实施一般需要以下设备：

1. 施肥灌溉一体化设备，包括水泵，用于将水源送达需要灌溉的植物；
2. 地下管线；
3. 控制面板，用于整个灌溉系统的控制操作；
4. 主管道和一系列滴灌线，里面安装滴水器，将水源运送至植物近处。

我们采用了一系列的聚氯乙烯管（PVC）和聚乙烯管，埋藏在温室地下，这套管线构成了整个灌溉系统的支柱。从这套基础管线上再接出二级管线，通过关闭阀和电磁阀来控制，形成一个完整的自动化系统。滴水器连接在二级管线上，为植物适时适量地输送营养液。

我们的灌溉系统由电脑自动操控。施肥灌溉一体化设备包括一个混合池和一系列注水器，后者能迅速将肥料混合液用于滴灌，并通过测量导电性和pH值，控制进入管线的瞬时水量。此外，施肥灌溉一体化设备还能实现不同植被的差异化灌溉，除了pH值的控制之外，还有四种类型的营养液可供选择。

温室的灌溉用水与植物园中所用相同，都是来自自流井的水，经过反渗透系统的处理，再与井水混合，使导电率达到700 mS。经过处理的水先储存在地下集水池中，容积约为50立方米。冬季时，灌溉之前水要先预热，使温度达到约18摄氏度。

我们利用温室效应来实现节能的目标，同时也能让每个区域的微气候达到所需的温度和湿度的指数。光照产生的热能聚集在温室内。冬季，石砌部分能够积累热量，并在夜晚将热量释放。夏季，温室能够打开墙上和屋顶上的玻璃窗进行散热降温。而且，开关窗户的信号是由控制面板自动发送的，控制面板能检测环境条件并做出相应反应，根据湿度和温度的变化不同程度地释放二氧化碳和氧气。电脑控制系统能够将植物的数据与每个微气候区域的最佳生长指数联系起来。

文中所有照片和插图均由作者提供。

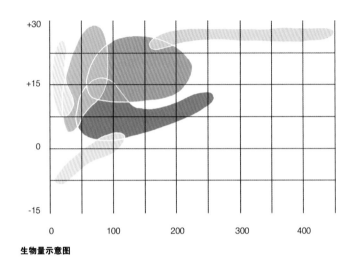

生物量示意图

水循环示意图

**乔吉奥·斯特拉帕佐恩**

乔吉奥·斯特拉帕佐恩（Giorgio Strappazzon），意大利建筑师，VS建筑事务所（VS associati）创始人，1988年毕业于威尼斯建筑大学（University Institute of Architecture of Venice），1992年与法布里奇奥·沃尔帕托（Fabrizio Volpato）合伙成立了VS建筑事务所。自创立至今，VS建筑事务所涉猎了大量建筑工程的设计，客户既有私营企业也有政府机构，在业界赢得了良好的口碑。VS建筑事务所一贯注重设计品质，致力于寻求创新性、现代化的解决方案，同时注重设计视野的开阔性，关注建筑的历史背景和环境背景。

澳大利亚墨尔本皇家植物园美人蕉雨水花园

# 景观设计新风向
## ——水敏性城市设计与雨水花园改造

文：阿什利·罗伯茨、拉尔夫·诺沃斯基、史蒂夫·汉森

### 引言

随着我们的城市环境不断扩张，环境设计愈加得到重视，景观设计师和环境工程师也在为改善可持续水资源管理寻找新的办法。水敏性城市设计（Water Sensitive Urban Design，简称 WSUD）对于可持续水资源管理和改善水质来说，都是一个至关重要的组成部分。成功的水敏性城市设计要有统筹全局的设计方法，在实现上述目标的基础上，力求改善动植物栖息地，优化人居公共空间，美化环境视觉形象。

澳大利亚GHD景观事务所设计的大量案例，全面地展示了水敏性城市设计——尤其是雨水花园——的成功设计与施工。这些案例向传统的咨询设计方式发起挑战，并催生了更加一体式的设计过程，让景观设计师和环境工程师之间有了更深入密切的合作。

最成功的设计案例就是那些深受委托客户（通常是当地政府机构）和社区居民欢迎和喜爱的开发项目。这样的设计都是由景观设计师牵头，注重协同合作的设计过程，才能最终实现为我们的城市环境增添新颖的水敏性景观元素的目标。在设计理念的开发阶段就要明确目标，这一点至关重要。

### 背景

在澳大利亚，自2005年起，墨尔本水务局（Melbourne Water）就一直与当地政府紧密合作，致力于通过城市雨水径流的管理来实现城市雨水水质管理的目标。当地政府机构开发的许多项目都明确了多重目标，而且不论是既有环境还是新建的基础建设工程，都有望纳入水敏性城市设计。

加拿大怀特霍斯市布莱克本街道升级改造

澳大利亚飞利浦港市陶街下水管道升级改造

随着区域性雨水管理项目的实施(比如湿地和雨水收集这样的开发项目),不同规模的雨水花园,通过适当的改造设计,都能给我们带来更好的成本效益。雨水花园的规模差别可能很大,小到一个庭院,大到大片的街道景观。在一个流域内有针对性地实施雨水管理策略,可能有助于实现长远的水质控制目标,同时也有利于美化社区环境,增进社会福利。

## 一体式设计方法

一体式的设计方法需要景观设计师和环境工程师紧密合作。工程设计注重技术,而景观设计师则善用"横向思维"(即用想象力寻求解决问题的新方法),兼顾可持续设计原则,以社区环境为导向。工程和景观二者要相互结合。

在雨水花园的改造设计中,景观设计师起到关键作用。设计过程一般可以分为以下几个阶段:

· 分析阶段:分析有利条件和约束条件
· 在分析的基础上规划出最优化的设计构思
· 一体式设计过程以及项目的施工阶段

有利条件和约束条件:在探索雨水花园改造的设计理念、开发设计策略的过程中,一定要有景观设计师参与其中,这点对这一设计阶段来说非常关键。

可以在初期的调研阶段组织研讨会,让相关各方都参与其中。这种设计方法非常注重倾听并交换意见,讨论问题,并将水敏性城市设计的概念向各方进行普及。解决设计中的关键问题,并对项目用地及其约束条件有清楚的了解,都有助于明确设计开发的方向和界线。研讨会可以作为一个创意平台,设计思路在与会人员的见证下逐步发展成形,并在景观设计师对各方意见的综合以及专业的梳理下最终确定。

最优化设计构思:通过这种方法来开发设计策略,能够有效实现预期效果。经过研讨会阶段的讨论,形成了初期的设计思路或者项目蓝图,经过改进,通常能够形成一个最优化设计方案。初期的设计思路主要是给我们描绘出一幅蓝图,不过,这幅蓝图有可能对传统的设计方式形成挑战。然而,限于用地既定的约束条件,不是所有的初期思路最后都能实现。最优化设计构思要考虑到成本效益的因素,要取得政府机构的同意,而且有可能的话,还应尽量征求社区居民的意见。

一体式设计过程和项目施工:在具体设计的阶段,关键在于将各方观点进行综合汇总,各方的关注点不同,尽量兼顾,最终形成全面、周全的设计策略。要抓住各方意见的要点,并给出积极的反馈,避免各方坚持己见以至讨论过程陷入无谓的反复循环。从基础设施建设的角度来说,采用水敏性城市设计产生的费用可能有很大差别,并且这类设计往往需要极其详尽的图纸,相较于政府的基本建设开支来说不成比例。因为工程投标以及施工过程中需要详尽的工程图纸,所以,站在设计意图的角度上,有必要让景观设计师全程参与。在项目施工阶段从始至终的参与也能让设计师对自己所做设计在实践中的效果有更好的认识,确保设计意图的落实。在施工过程中往往会出现难以预料的情况,需要一体式设计团队对设计进行修改,同时又不能影响实现多重目标的设计初衷。

## 设计案例

雨水花园一般都是道路升级改造、城市基础设施建设或者公共空间改建这类项目中的一部分。这其中包括:

· 道路或街道景观的升级或修复建设
· 排水管道升级改造
· 停车场升级改造
· 公共空间内既定基础设施的改建
· 将既定花园改造成雨水花园

以下案例都采用了上述的协同合作设计方法,在设计上都是由GHD景观事务所的设计师主持。

### 加拿大怀特霍斯市布莱克本街道升级改造
(Blackburn Streetscape Improvement)
项目类型:街道景观升级与修复
设计难点:材料的选择要符合当地环境的特点;路缘造型的处理要既美观,又安全,同时要可以用作座椅。

### 澳大利亚飞利浦港市陶街下水管道升级改造
(Dow Street Drainage Upgrade)
项目类型:街道景观与下水管道升级改造
设计难点:植物的选择;改变街道的结构,使之适合滨海的环境;同时,设计方案要满足下水管道升级改造的目标。

### 澳大利亚墨尔本亚拉河谷爱丁堡公园水敏性城市设计与雨水花园

（Edinburgh Gardens WSUD & Stormwater Harvesting）

项目类型：公共空间内既定基础设施的升级改造

设计难点：将这座大规模雨水花园改造为具有高度景观价值和实用性的公共空间。设计要考虑当地的历史背景和风俗习惯（比如说，草坪休闲区的设置就是为了适应当地"被动性娱乐"的习惯），同时要融入雨水花园的功能性体系（雨水收集功能），满足爱丁堡公园内树木的灌溉需求。

### 澳大利亚霍布森湾格洛斯特保护区停车场升级改造

（Gloucester Reserve Car Park Upgrade）

项目类型：停车场基础设施升级改造

设计难点：在停车场空间结构的改造中，改善雨水花园等被动型水敏性城市设计，营造令当地社区居民喜爱的环境。

### 澳大利亚墨尔本皇家植物园美人蕉雨水花园

（Canna Bed Rain Garden）

项目类型：将既定花园改造为雨水花园

设计难点：将历史悠久的美人蕉花园改造为实用性的雨水花园。花园周围是皇家植物园的宽阔草坪，设计保留了原来的环形造型以及花园与周围草坪的无缝衔接方式，将原来的美人蕉在花园里重新栽种。

### 结语

在成功的雨水花园改造设计中，景观设计师的协同参与是必不可少的。在项目的各个阶段，景观设计师都要与相关政府部门的工作人员共同参与，只有这样，最终才能取得符合成本效益并且符合项目预期的设计方案。除了实现雨水水质控制的目标之外，从景观设计的角度来看，水敏性城市设计也能根据当地环境的特点，创造独特的城市景观。

因此，协同合作的设计方法对于打造成功的水敏性城市设计来说至关重要。在项目的初始阶段要明确设计的蓝图，这样，设计方案才不会受到思维惯性或者传统思维的限制（比如说，传统的设计以环境工程为导向）。通过一体式的设计过程，在规划、设计与施工各个阶段与当地政府部门紧密合作，我们才能继续创造创新性与实用性并重的经典水敏性城市设计。

澳大利亚墨尔本亚拉河谷爱丁堡公园

澳大利亚霍布森湾格洛斯特保护区停车场升级改造

文中所有照片和插图均由 GHD 景观事务所提供。

**阿什利·罗伯茨**
**拉尔夫·诺沃斯基**
**史蒂夫·汉森**

阿什利·罗伯茨（Ashley Roberts），GHD景观事务所首席环境工程师，在水道设计与雨水处理的项目领域有着18年的丰富的工作经验，包括前期的调研、理念的开发、具体的设计和项目的管理等，并与墨尔本水务局的雨水水质管理小组保持着紧密的合作。

拉尔夫·诺沃斯基（Ralph Nowoisky），GHD景观事务所资深景观设计师，涉猎多种景观与城市设计项目，包括街道景观、道路设计、水敏性城市设计、湿地、城市河流修复工程、校园景观、工业用地、住宅和度假村项目开发等。

史蒂夫·汉森（Steve Hansen），GHD景观事务所资深景观设计师，在澳大利亚国内乃至全球范围内的景观和城市设计领域拥有超过11年的职业经验，致力于为环境的终端使用者创造高品质的空间，善于将可持续发展原则运用到设计中。

# 水: 我永远的创作灵感之源

## ——访佐佐木景观设计事务所设计师张韬

### 张韬

张韬，佐佐木景观设计事务所（Sasaki Associates, Inc）合伙人。在佐佐木，张韬扮演着景观设计师和生态学家的双重角色。张韬认为，好的景观设计师应该是受过科学教育的艺术家，他创造的公共空间，应该既使人享受超凡的户外体验，同时也有助于维护健康的生态环境。凭借专业领域的职业素养和饱满的创作激情，张韬的设计以美观大方、舒适宜人的景观环境为目标，以对生态环境及其文化背景的深刻理解为基础。现代城市环境复杂多变，对设计师提出了更高的要求：既要考虑环境的人居体验，又要兼顾各种物理化学因素的作用以及其他生物种类的栖息问题。张韬的设计作品，既有大规模的概念规划，也有小体量的实地景观，在城市设计、景观设计和生态设计之间架起一座桥梁，已经为多地新城区和公园的开发建设贡献了杰出的设计。此外，张韬在学术界也有所涉猎，除了在专业期刊杂志上发表文章，还经常在各种学术会议上发言。

**景观实录：清洁的饮用水在很多地方已经成为稀缺资源。您认为景观设计师能为此做些什么？**

张韬：确实，世界上很多地区现在都缺乏清洁水。但是，我们也要知道，全世界的水都是可以百分之百回收利用的，一升不多，一升不少，循环使用。今天，地球上的每一滴水都已经存在了成百上千万年。在这里，一滴水可能是一只恐龙呼出的蒸汽；到了那里，它就变成我们水龙头中淌出的一滴清水。水是否能为我们今天的人类所用，则取决于我们如何处理它。如果我们不加注意，让水中混入各种有毒物质，再不管不顾地排入河流中，那么我们就是在自己减少我们可用的水源。

我的职业是景观设计师，但我首先是一名具有环境意识的公民。我认为，关心水资源是每个人的责任，不仅是为我们自己，也为我们的子孙后代。作为景观设计师，我总是将水视为创作灵感的泉源。我认为我们可以去尝试通过我们的设计，提升公众对水资源危机的意识。比如说，我们可以让阳光照射到地下水系，使其成为城市水景的一部分。我们还可以设计生物沼泽来收集雨水，而不是依靠地下排水管线。在做大型景观规划的时候，我们应该注意保护现有的自然水体，而不仅仅是商业化地视之为开发的卖点。

**景观实录：为什么说雨水管理很重要？可持续雨水管理设计能带来哪些好处？**

张韬：在自然界的水循环中，雨水是重要的一步。没有健康的水循环，我们就会面临很多难题，甚至是灾难。如果雨水排放不当，我们的城市就会积水甚至洪水泛滥。如果不能通过土壤来可持续地利用雨水，地下水将面临枯竭。可持续雨水管理设计能帮

上海嘉定新城紫气东来公园

上海嘉定新城紫气东来公园

助我们利用生态系统，缓和城市排水给自然界的水循环带来的压力。通过利用生物沼泽、雨水花园或者集水池等方式来收集雨水，我们就能将雨水就地处理，比如增进雨水的渗透、对城市污染物进行生物修复或者减少可能造成洪灾的雨水径流等。

**景观实录：委托客户——尤其是私营业主——可能会担心雨水管理会耗费很大开支。您怎样说服客户在雨水管理设施上花钱？**

张韬：我觉得大家有一个普遍的认识误区，觉得采用雨水管理设计总要多花钱。其实这个问题得就事论事，具体来看。有时候，确实会需要更多的先期投资；但是更多时候，正好相反，尤其是从长远的角度来看。客户会担心开支，这我们完全能理解，也不会以此去评判他们的是非。我们一般首先去研究当地的气候，然后决定最佳设计方案。一个方案可能在某地是可持续的方案，在另外一地却完全不是。比如说，在降雨频繁的热带地区我们可能采取某种方式来处理雨水，但是到了干旱地区就得采用完全不同的方式。要跟客户进行坦率的交流，我们首先得明确雨水总量，以及不同的设计方案在经济和社会方面会带来哪些影响。然后，我们用这些数据和事实说话。最佳方案会带来双赢的结果，客户既能省钱，环境也能改善。

**景观实录：如果您接到一个资金十分有限的项目委托，在雨水管理设计上您会如何使用这笔钱呢？有没有特别划算的方法？**

张韬：这个问题得就事论事。我发现有关设计的问题不要轻易下结论，否则容易适得其反。大自然是多姿多彩、变幻无常的，永远没有一个一劳永逸的方案。

某个项目中可能使用本地植被会是最佳方案，但到了另一个项目中，可能首要问题是解决地下沉积物。所以答案随情况不同而变化。

**景观实录：您做过的最成功的雨水管理设计是哪个项目？采用了那些技术？面对哪些挑战？**

张韬：我参加过一系列的生态和可持续设计项目，上海嘉定新城紫气东来公园是其中一个。采用的技术包括设置生物沼泽、河岸土地修复以及修建储存雨水的集水池等。我们面临的挑战之一是如何说服委托客户和承包商，使其相信我们的方案可行。因为没有成功的先例，所以人家会怀疑我们的设计方案是否只是理论上的空想。但是，我们所有的设计决策都是建立在深入的实地分析研究和我们在全球范围内丰富的经验的基础上的。这个项目最终大获成功，向每个人证明了我们的方法是正确的。

**景观实录：现在世界各地雨水花园越来越多。雨水花园有哪些重要的设计元素需要考虑？**

张韬：我觉得没有一个统一的所谓最重要的元素。我们要考虑的最重要的事是让雨水花园的设计因地制宜，适合所在的地点和气候。降雨情况、土壤类型和地形坡度等，都会对雨水花园的设计产生重要影响。

上海嘉定新城紫气东来公园

**景观实录：您建议在雨水花园中栽种哪些品种的植物？**

张韬：我推荐那些能在泛洪平原上旺盛生长的本地植被，因为这些植物能够适应当地气候和降雨情况，而且既耐涝，又耐旱。还是那句话，随地点不同而变化。

**景观实录：能谈谈地面铺装吗？或者其他设计元素，比如土壤？**

张韬：透水性铺装一向是强烈推荐的。更重要的是，这层铺装下面的所有垫层材料也得透水。我看过铺设不正确的透水地砖，垫层用的是不透水材料，水渗不进去，在垫层上引起漫流。

**景观实录：如何让雨水花园易于维护？**

张韬：答案还是我前面推荐使用的植物。如果你选择了最适合当地土壤和气候的植物，那么接下来的大部分维护工作，大自然就替你做了。

**景观实录：当地气候对您的设计有何影响？**

张韬：在我们的设计实践中，气候是我们对项目理解的关键。此外，还有一系列其他的环境参数，决定了我们从一开始的设计思路。

**景观实录：作为景观设计师，您从什么人（或者什么事）得到最大的启迪？**

张韬：启迪是有，但不是说某个人给我最大的启迪，成为我的灵感之源。我平时的灵感大部分来自我的同事，从刚入门的菜鸟到最资深的设计师，都能给我启迪。跟他们一起工作，每天都能学到一些新的、不同的东西。我觉得对于我作为一名景观设计师和生态学家来说，那是一个巨大的动力来源。

**景观实录：在您作为景观设计师的职业生涯中最享受的是什么？有没有什么特别的故事能跟我们分享？**

张韬：景观设计是科学和艺术的一种独特融合。不断进行创造性的探索，并且看到我的设计给环境带来积极的改变，是非常令人欣慰的。有时候我会很理想主义，另一些时候又可能很现实，这要根据项目的体量和类型而定。

上海嘉定新城紫气东来公园

文中所有照片和插图均由佐佐木景观设计事务所提供。

## 邦妮·罗伊

邦妮·罗伊（Bonnie Roy），SWT景观设计公司合伙人（SWT Design），皮德蒙特景观设计师协会会员（PLA），美国景观设计师协会会员（ASLA）。罗伊的设计注重景观、建筑和基础设施相结合，营造和谐一体的城市环境，致力于为客户提供经济又环保的设计方案。罗伊带领她的跨学科设计团队，在项目的资料分析、标杆设定以及使用前评估和使用后评估等方面均有专业的表现。

"我们不断在设计中学习。设计作品取得的成效由一系列参数体现出来，这些数据就能告诉我们，设计是否实现了目标，或者我们是否需要寻求另外一种方案。最终，我们想要获取的是一系列可测量的结果。"

罗伊尤其注重设计给区域性环境带来的影响，这从她的设计和规划手法中就能见出。比如，罗伊侧重公众的参与，在设计过程中会寻求相关各方的意见；会分析既定环境条件；也会对设计理念一再修改。

## 克劳斯·劳施

克劳斯·劳施（Klaus Rausch），SWT景观设计公司高级经理，皮德蒙特景观设计师协会会员。劳施自1982年起就从事景观设计与环境工程，包括11年的景观施工监理，专业经验在实践中不断丰富，尤其是国际化的工作经历使其受益良多——劳施曾旅居土耳其伊斯坦布尔以及德国的许多城市。

"多年来，我有幸在众多不同的文化中学习和生活，学习他们的历史和设计方法。从中学到的东西应化为我的知识，我再寻求如何能将这些知识应用到我们的设计中。"

劳施在城市设计和景观设计领域的工作经验丰富多样，其中包括：地块设计、城市开发区规划、街道景观设计、粗放型与集约型屋顶绿化设计、环境影响报告等。他为SWT景观设计公司带来对可持续性和资源管理的强化意识。

# 地下创新才有地上美景

## ——访SWT景观设计公司设计师邦妮·罗伊、克劳斯·劳施

**景观实录：清洁的饮用水在很多地方已经成为稀缺资源。您认为景观设计师能为此做些什么？**

SWT：景观设计师面临很多类型的、复杂的生态系统。项目用地的水文条件在很大程度上取决于周围环境和地区需求。我们的责任是要在创新与节水之间取得某种平衡，目的是既能满足人们的需求，又有益于当地环境。

**景观实录：为什么说雨水管理很重要？可持续雨水管理设计能带来哪些好处？**

SWT：从前未经开发的土地是以其自身方式和基础设施来处理雨水的。而作为景观设计师，我们的责任就是在开发用地上控制并管理雨水，目标是减轻对"下游"水源的不利影响。

**景观实录：委托客户——尤其是私营业主——可能会担心雨水管理会耗费很大开支。您怎样说服客户在雨水管理设施上花钱？**

SWT：根据项目所在地区会有所差异，很多项目是政府部门对雨水管理有要求。但是不论在哪，大部分的发达地区都有区域性的雨水管理体系，而项目用地的雨水管理设计也要融入这一体系。普通的地下管线工程也会很昂贵。我们会鼓励客户将雨水管理设计视为项目的景观亮点，并向他们阐述如何将这部分开支花在看得见的地方（地上）。

**景观实录：如果您接到一个资金十分有限的项目委托，在雨水管理设计上您会如何使用这笔钱呢？有没有特别划算的方法？**

SWT：如何能花费更少的预算而取得最大的成效？我们会考虑那些能对雨水的水质和水量管理起到最积极作用的技术方法，同时也要注意这类设计的视觉美观性。环保普及教育以及社区居民的参与往往受到忽视。我们越是能向公众以及我们的客户去宣

传雨水管理设计的好处，我们设计出来的环境就会越得到普及、越受人期待。

**景观实录：能谈谈地面铺装吗？或者其他设计元素，比如土壤？**

SWT：雨水花园的地下排水系统以及雨水管理的各种技术措施，都需要我们特别注意土壤的组成。铺装必须达到较高渗水率，才能实现雨水最好的渗透效果，成为雨水渗透的"导管"。不论地上是什么样的设计（比如雨水花园、透水铺装等），土壤和地下基础设施对设计的成功运作起到关键作用。

**景观实录：如何让雨水花园易于维护？**

SWT：选择能够适应当地气候的本地植被，而且要既耐涝又耐旱。考虑使用矿物覆盖物，而不是有机物，因为矿物质不会那么轻易移动。要特别关注水源点和溢流的位置，才能避免设备受到侵蚀而需要替换。

**景观实录：当地气候对您的设计有何影响？**

SWT：有些问题是必须要关注的，诸如"你所做的雨水管理设计是针对什么样的降雨类型？""预期降雨频率如何？"土壤和植物的适应性也需要考虑，选用的土壤和植物都要适合当地环境。

**景观实录：您公司在最近的卡泰克斯公园项目中有非常出色的雨水管理设计。能详细谈谈这个项目吗？**

SWT：在圣路易斯城市排水局（MSD）和设计合作伙伴的帮助下，这个项目为将当地原来的生活污水下水道改造成独立的下水道系统做出了贡献。

原来的街道针对雨水处理进行了改造，长度总计约

卡泰克斯公园效果图

2.4千米。我们在路边设置了植被过滤洼地、低于地面标高的过滤池、与地面等高的生物过滤池或蓄水池、透水铺装的停车场，停车场与这个全新的雨水排放系统相连。街道的路缘留有缝隙，雨水径流能由此排放，流入植被过滤洼地中。这些洼地内是专门配制的混合土壤，能过滤雨水中的沉积物和污染物，然后将这些物质排入排水管道下方的管线以及雨水排放系统中。

由于圣路易斯当地原有土壤的透水率很低，所以我们与圣路易斯城市排水局合作，共同开发了分层式设计和专门配制的混合土壤，以期雨水蓄水量和土壤过滤能力会有所提高。表层的种植土是沙壤土的混合物，里面含有体积不少于35%的干净人造沙。此外，还要保证这种混合土的饱和导水率不低于每小时5厘米。黏土的含量少于10%（体积）。这层混合土下面是一层沙子和砾石，起到过滤层的作用，防止后面的所有各层堵塞。我们特别注意了土壤、沙子和砾石各层的更迭顺序，以便确保整个过滤系统功能性的完善。我们选用了本地植物，既易于维护，抗病能力又强。莎草、当地野生禾本植物和草本植物根系都非常发达，能够强化这一植被过滤系统的滤水能力。此外，本地植物还有助于建立用地上的生物多样性，为城市环境带来四季的变化，也为附近昆虫和鸟类营造了栖息地。

在行人交通繁忙的地段，我们在地下采用了结构化模块，里面填充混合土壤来过滤雨水径流，模块能跟地面铺装融为一体，也为树木根系的生长提供了足够的土壤量。这些地下模块安装在毗邻铺装路面的地方——设置行人交通动线所必须的铺装路面。安装了地下结构化模块，就无需对土壤进行夯实

卡泰克斯公园效果图

（即铺装路面一般所需的结构性支撑）。这些模块提供了所需的地下土壤用量，使雨水蓄水量和渗透速率达到所需要求。同时，树木根系的生长也不会受到阻碍，铺装路面上的雨水径流能够渗入排水系统中，再进行进一步的蓄水，缓缓注入雨水排放管道中。

**景观实录: 在这个项目的设计中是否用到某些特殊的技术? 面临哪些挑战?**

SWT: 这个项目面临的最大挑战之一，也是很多繁华商业区和人口稠密的城区所面临的问题，即: 在独立排水系统的设计中，如何在原有管道系统的基础上选择地下管线的位置? 比如说，在一个既定商业开发区内，原有的掩埋式设备在布局上是非常密集的。因此，设计中带来的任何变化都可能对整个项目的预算和施工可行性带来巨大的挑战。

文中所有照片和插图均由 SWT 景观设计公司提供。

卡泰克斯公园效果图

**植被生物过滤区原理示意图**
A. 雨水花园
B. 种植区
1. 矿物护根层（暗色岩，厚 5 厘米）
2. 土工织物
3. 金属格栅
4. 排水管
5. 耐候钢挡土墙
6. 生态调节土壤（厚度至少 76 厘米）
7. 沙层（厚 15 厘米）
8. 砂砾层（厚 15 厘米，砂砾直径 1 厘米）
9. 砂砾层（厚 15 厘米，砂砾直径 2 厘米）
10. 基脚

**路边植被生物过滤池原理示意图**
1. 经过整饰的边缘（半径 0.3 米）
2. 条状混凝土（10 厘米）
3. 人行道
4. 骨料基层
5. 土壤介质（厚 76 厘米）
6. 土工织物
7. 沙层（厚 15 厘米）
8. 砂砾层（厚 15 厘米，砂砾直径 1 厘米）
9. 砂砾层（厚 15 厘米，砂砾直径 2 厘米）
10. 路基
11. 混凝土路缘
12. 植物
13. 矿物护根层（暗色岩，厚 5 厘米）
14. 混凝土路缘（远处）
15. 10 厘米路缘，角度变化使与街道路缘相接（远处）
16. 为残障人士设置的混凝土路缘
17. 结构底部
18. 穿孔排水管

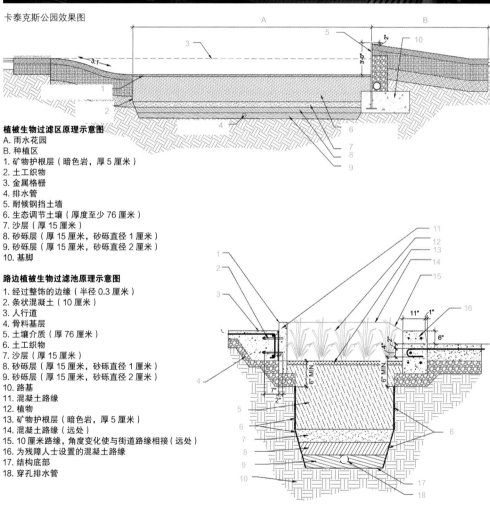

注:
卡泰克斯公园（Cortex Commons）位于美国圣路易斯卡泰克斯创意区（Cortex Innovation District）中心，占地约5.5公顷。卡泰克斯创意区是美国七大创意区之一。如今，创意区正迅速成为城市发展和经济开发的一种新形式，主要由新创建的科技公司和企业家投资发起。卡泰克斯公园即将成为卡泰克斯创意区的核心焦点。公园一期工程目前正在施工中。

## 努伊·哈提瓦·苏万纳泰

努伊·哈提瓦·苏万纳泰（Nui Ratiwat Suwannatrai），泰国建筑师，毕业于朱拉隆功大学（Chulalongkorn University）。

工作经历：
2003年至今：OPNBX建筑事务所设计总监
2014年：参加建筑科学协会（ASA）2014年大会"为社会变革而设计"会议
2006年：任泰国农业大学（Kasetsart University）兼职讲师
2006年：任朱拉隆功大学建筑学院"设计与建筑国际讲习班"（INDA）兼职讲师，教授"商业开发"课程
2005年：任孔敬大学（Khon Kaen University）讲师
2001-2003年：任新加坡大学W建筑事务所（William Lim Associates PTE）设计师
1999-2001年：任泰国彭世洛府那黎宣大学（Naresuan University）工学院建筑系全职讲师

## 普朗·瓦纳普恩·詹帕尼卡恩

普朗·瓦纳普恩·詹帕尼卡恩（Prang Wannaporn Jenpanichkarn），泰国景观设计师，毕业于朱拉隆功大学。

工作经历：
2003年至今：OPNBX建筑事务所设计总监
2014年：参加建筑科学协会（ASA）2014年大会"为社会变革而设计"会议
2014年：任泰国兰实大学（Rangsit University）年度最佳论文评审委员会委员
2010-2014年：任朱拉隆功大学论文指导教师
2011年：任泰国国立法政大学（Thammasat University）论文指导教师
2006年：任朱拉隆功大学景观设计系讲师
2006年：任泰国农业大学兼职讲师
2005年：任孔敬大学（Khon Kaen University）兼职讲师

# "水园"：被动式雨水管理设计

## ——访泰国OPNBX建筑事务所设计总监苏万纳泰、詹帕尼卡恩

**景观实录：清洁的饮用水在很多地方已经成为稀缺资源。您认为景观设计师能为此做些什么？**

OPNBX：作为景观设计师，我们在各类项目中经常碰到水源稀缺的问题，大到大规模的城市规划项目，或者是中小型的商业开发项目，小到独栋别墅的小花园设计。不论规模大小，通常都需要我们与相关各方密切沟通合作。

**景观实录：为什么说雨水管理很重要？可持续雨水管理设计能带来哪些好处？**

OPNBX：在过去的十年中，泰国的城市发展很快，同时也很盲目，而我们现在正在品尝苦果。泰国中心区的重要城市都是沿湄南河（Chaopraya River）开发的，运用各种技术，建造在冲积平原上。其实这样的土地更适合农耕而不是城市开发。这就是

为什么我们说雨水管理对泰国来说至关重要。雨水管理所能带来的好处很多，比如说：能在适当的时间、适当的地点为农耕提供水源；能在雨季预防洪水泛滥。雨水管理不当会带来灾难，比如最近的2010年洪灾，以及随后几年全国各地的干旱。

**景观实录：委托客户——尤其是私营业主——可能会担心雨水管理会耗费很大开支。您怎样说服客户在雨水管理设施上花钱？**

OPNBX：对一个开发项目来说，雨水管理要作为一种保险和卖点来看待。只需在初期投资，之后项目的整个生命周期都能使用，尤其是水患时期。我们用一个简单的数字图表就能说服客户，图表上充分显示初期的少量投资能够节省未来的大量费用，因为要修复水患带来的损害需要大量的投入。另外，项目施工时就安装雨水管理设施会更容易，也更符

考艾规划项目

考艾规划项目

合成本效益，而不要等项目竣工后再做。

**景观实录：如果您接到一个资金十分有限的项目委托，在雨水管理设计上您会如何使用这笔钱呢？有没有特别划算的方法？**

OPNBX：跟所有其他设计元素一样，最有效的雨水管理设计往往是最简单、最被动式的方法。我们通常在做建筑造型和空间布局的阶段就对雨水管理进行规划，让地表雨水径流通过重力的作用就能够排出项目用地之外。对于城区环境来说，应使地表雨水径流尽快从项目用地的中心区流向附近的市政排水管道。而对于乡村地区的项目来说，我们通常首先研究用地的地形地貌，然后建议把集水区设在天然地势较低的地方。这样的地方未来可能是景观环境的焦点，也可能在旱季里成为灌溉水源地。没有所谓"最划算"的方法。不同的情况需要不同的应对方案。不过我们会尽力采用最简单、被动式的设计。

**景观实录：您做过的最成功的雨水管理设计是哪个项目？**

OPNBX：我们做过的众多项目以不同的方式采用了不同的雨水管理设计方案。试举一例：我们在考艾（Khaoyai）做过一个规划项目，市政供水和排水系统全都没用。我们照例把地势较低的地方设为集水区，是用地中央的一个湖泊。有趣的是，在挖掘工作进行的过程中，我们不断发现天然出水点，于是不得不根据这些出水点来调整湖泊的形态。大部分雨水排放管线都将雨水导向湖泊。直到今天，也就是这个项目竣工六年后，该地的水位线仍然保持在原位，尽管当地的树木和植被不断消耗大量灌溉用水。供水来自地下井，水抽出来后，经过处理，储存在一个大型集水池中，这个集水池能利用水的自然重力将水源输送到开发区各处。

**景观实录：着手设计一个新项目之前，您会先做哪些调研工作？调研对您接下来的设计有何影响？**

OPNBX：我们通常首先研究用地的整体地形、坡度和水源。我们会精心制作地势模型，还会用到等高线地图，会研究用地上的既定元素，也会考虑周围环境的因素，确保我们在设计之前对用地的基本情况有尽量详尽的了解。事实上，如果对用地的特定情况或者约束条件不了解的话，我们会觉得很难（或者说不可能）去着手设计。有时，很简单的一件事，比如说在平面图或者地势模型上放一只指南针，就能引发完全不同的思考。这样的设计，可能最终呈现出来的效果看上去很简单，但是非常适合用地的基本条件，使你不免惊异，当初的看似无心之举竟能取得如此完美的效果。

**景观实录：现在世界各地雨水花园越来越多。雨水花园有哪些重要的设计元素需要考虑？**

OPNBX：我们更愿意把这类花园称为"水园"（Water Garden）。所谓"水园"，就是花园里留有大面积的开放式空间，呈现出裸露的地面，让雨水在土壤表面流过。这个定义同时也说出了这类花园最好的设计方法。如今，这样的花园设计只需用到很少的机械装置，确保多余的雨水径流能够在引起麻烦之前引入市政排水管道中。

**景观实录：您建议在雨水花园中栽种哪些品种的植物？**

OPNBX：本地植被一向是最佳选择，不仅对雨水花园，对任何类型的花园都是如此。通常来说，大部分植物不应超出在生长年龄或体量上的某些限制。工程进度计划要给植物预留出时间，植物需要时间去逐渐适应环境。

**景观实录：能谈谈地面铺装吗？比如关于材料选择或图案设计。**

OPNBX：透水性铺装材料能让一部分雨水透过材料渗入地下。可以选用小块的地砖，中间留有较多间隙，不仅能透水，也比较美观。另外，我们还建议使用传统的铺装方法：在压实土壤表面松散铺设砾石，视觉效果简约而现代。带创意花纹的本地黏土砖能够平添环境的趣味性，还能让地表维持在适当的湿度，在炎热的天气里温度不会太高。这样的铺装给人的感觉也更柔和，更有质感。

**景观实录：泰国是一个年降水量相对较高的国家。这对您的设计有何影响？**

OPNBX：有些人认为大雨或者炎热的夏日是"坏天气"，可是事实上，这都是自然现象。我们要做的，是用创意的设计去利用自然现象，实现我们的目标，为人们带来美感的体验。有些很简单的东西却很关键，比如遮棚，对热带气候的环境来说就很有用。有了遮棚，不论是大雨倾盆还是炎炎夏日，人们都能利用户外空间。另一方面，只要设计师足够用心，遮棚也能成为设计亮点。

**景观实录：您如何定义"建筑景观一体化"？**

OPNBX："建筑景观一体化"，对我们来说，这是自然法则，在大自然中一切就本应是和谐一体的。所有的设计都应该这样来做。

**景观实录：作为景观设计师，您从什么人（或者什么事，比如一本书或一部电影）得到最大的启迪？**

OPNBX：《大河恋》。

文中所有照片和插图均由 OPNBX 建筑事务所提供。

注：
美国影片《大河恋》（A River Runs Through It）摄于1992年，导演罗伯特·雷德福（Robert Redford），主演克莱格·谢佛（Craig Sheffer）、布拉德·皮特（Brad Pitt）、汤姆·斯凯里特（Tom Skerritt）、布兰达·布莱斯（Brenda Blethyn）、艾米丽·劳埃德（Emily Lloyd）等。这是一部如诗如画的怀旧文艺片，脱胎于诺曼·麦克林（Norman Maclean, 1902–1990）1976年发表的同名半自传体中篇小说，由理查德·弗雷登伯格（Richard Friedenberg）改编而搬上大银幕。（引自维基百科）

全地下电气布线

水循环示意图

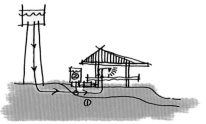

全中央下行上给式给排水系统